混凝土重力坝渗流特性及耐久性影响评价

张宏洋　彭　鹏　著

科学出版社

北　京

内 容 简 介

本书以安康大坝为研究对象，以渗流特性为研究主线，重点分析了坝基渗流场变化规律，结合变形监测成果，建立安康大坝水平位移统计预测模型、确定性预测模型以及混合预测模型；同时分析了消力池底板混凝土的化学侵蚀影响。本书共分6章，内容包括重力坝渗流场特性分析、渗流系数时序模型及复杂渗流场变化规律研究、混凝土坝渗流场转异特性分析、混凝土坝坝基防渗帷幕渗流特性分析、消力池底板耐久性影响评价等。

本书可作为高等院校水利水电工程、水文水资源等水利相关专业学生的教学参考书，也可作为水利相关领域科研及工程技术人员等的参考书。

图书在版编目(CIP)数据

混凝土重力坝渗流特性及耐久性影响评价 / 张宏洋，彭鹏著. —北京：科学出版社，2021.6

ISBN 978-7-03-068910-8

Ⅰ. ①混… Ⅱ. ①张… ②彭… Ⅲ. ①混凝土坝-重力坝-渗流-特性-研究 ②混凝土坝-重力坝-耐用性-研究 Ⅳ. ①TV642.3

中国版本图书馆CIP数据核字(2021)第104453号

责任编辑：刘宝莉 / 责任校对：胡小洁
责任印制：吴兆东 / 封面设计：陈 敬

科学出版社 出版
北京东黄城根北街16号
邮政编码：100717
http://www.sciencep.com
北京厚诚则铭印刷科技有限公司 印刷
科学出版社发行 各地新华书店经销
*
2021年6月第 一 版 开本：720×1000 1/16
2023年4月第二次印刷 印张：10
字数：200 000

定价：98.00元

(如有印装质量问题，我社负责调换)

前　言

渗流安全是决定水库大坝蓄水期安全运行的重要因素。分析和研究大坝及坝基渗流场变化规律，充分了解防渗体和排水体的工作性态，及时分析评价水库大坝的渗流安全，对保障水库大坝健康运行具有重要的理论意义和实用价值。

本书以安康大坝为研究对象，研究大坝在各种工况条件下的稳定性和安全性，并结合长期以来的变形监测成果，建立安康大坝水平位移统计预测模型、确定性预测模型以及混合预测模型，分析得出安康大坝防渗帷幕渗透系数对大坝渗流场的影响大致可分为三个阶段：①帷幕强壮阶段；②帷幕有效阶段；③帷幕失效阶段。帷幕失效阶段渗流要素变化虽不敏感，但其保持在一个较高的水平，对大坝渗流安全极为不利。

同时，本书还研究了消力池底板混凝土的化学侵蚀影响。水电站表孔消力池环境水质具有软水性侵蚀作用的特征，使底板混凝土材料中可溶性物质溶失，造成底板混凝土裂缝扩展和孔隙率增加，从而使底板混凝土强度和耐久性受到损害。消力池底板化学损伤反向模型计算结果表明，表孔消力池底板混凝土中钙类水化物最易被溶解而流失，而钙类物质的流失，将使消力池混凝土孔隙率增加，渗透性增大，进而降低消力池底板混凝土强度和耐久性，形成化学损伤。化学侵蚀程度的加重，会给表孔消力池底板混凝土强度和耐久性带来一系列不利影响，化学侵蚀较严重的部位将形成明显的贯穿性裂缝或缺陷，从而影响消力池底板的整体性和稳定性。

本书在撰写过程中得到了华北水利水电大学、中国电建集团华东勘测设计研究院有限公司、河海大学、西北电力科学研究院等单位的专家和同仁的支持和帮助，此外，部分理论也参考和借鉴了国内外相关文献的观点，在此表示感谢。本书的出版得到了华北水利水电大学、水资源高效利用与保障工程河南省协同创新中心的支持，得到了国家自然科学基金项目(51609087,51709114)、国家重点研发计划项目(2017YFC1501201)、中国电建集团华东勘测设计研究院“201重大科技计划”(KY2018-ZD-01)、河南省高校科技创新团队支持计划(19IRTSTHN030)、中原科技创新领军人才支持计划(204200510048)和2017年华北水利水电大学教学名师计划等项目的资助。

混凝土重力坝渗流特性及耐久性影响评价是一个涉及多因素影响且相对复杂的问题，目前仍有许多问题有待研究。由于作者水平有限，书中难免存在不妥之处，敬请读者和专家批评指正。

目　录

第1章 绪　论

1.1 引　言

我国地处亚欧大陆东南部，地域辽阔，河流众多。流域面积 $50km^2$ 以上的河流有 45203 条，总长度 150.85 万 km；流域面积 $100km^2$ 以上的河流有 22909 条，总长度 111.46 万 km；流域面积 $1000km^2$ 以上的河流有 2221 条，总长度 38.65 万 km；流域面积 $10000km^2$ 以上的河流有 228 条，总长度达 13.25 万 km[1]。为了充分利用丰富的水资源，1949 年中华人民共和国成立后，在全国范围内进行了大规模的大坝工程建设。经过 70 多年的发展，我国的大坝建设在规模、质量、技术等方面均取得了举世瞩目的成就，并在防洪、灌溉、供水、发电、航运、水产养殖及旅游等方面发挥了巨大作用，为促进我国国民经济发展、提高人民生活水平、保障社会稳定、改善生态环境做出了巨大贡献。但是，由于所处的自然条件和运行环境对大坝工程的不良影响，加上大坝工程本身设计标准偏低、存在施工缺陷，以及长期以来未形成良性的运行管理机制、管理不善、维修与更新资金投入不足等客观和主观原因，我国许多大坝随着运行年龄的增加出现了多种衰减问题，直接影响了大坝的寿命和安全运行。

据 2019 年年底的统计[2]，全国已建成各类水库 98112 座，水库总库容 8983 亿 m^3。其中，大型水库 744 座，总库容 7150 亿 m^3；中型水库 3978 座，总库容1127 亿 m^3。正确分析评价大坝的渗流特性及耐久性，可为判断大坝是否正常运行提供重要的依据。

20 世纪 80 年代以前，由于大坝工程安全要求较低，坝基地下水主要表现为渗漏问题，研究处理的重点在于减少坝基渗流量[3]。80 年代以来，随着大坝工程规模的不断扩大，工程技术要求也越来越高，坝基地下水除了渗漏问题外，主要表现为地下水作为一种荷载对坝基的作用问题，研究的重点转移到了坝基渗流场与变形场的力学耦合分析上。

由于水泥、金属等人工材料易于老化，混凝土重力坝坝基防渗性能在渗流作用下会逐渐衰减。为充分了解坝基防渗性能衰减过程的实质和机理，正确评估衰减过程的发展趋势，提出限制衰减发展的各种综合性预防措施和相应的检修方法，需要进行混凝土重力坝的渗流分析。混凝土重力坝的渗流分析可以为保障混凝土重力坝的安全运行提供科学依据。本书从以下四个方面进行研究和分析。

(1) 水电站在电网安全运行中起着举足轻重的作用，而大坝的安全状况直接影响到大坝内引水发电系统的可靠运行。本书以安康大坝为例，论述渗流引发的相关主要问题。安康大坝位于峡谷地段，两岸山体雄厚，坝基区岩层为震旦纪千枚岩，断层裂隙相当发育，多种软弱夹层结构面破坏了岩体的完整性，其防渗降压措施主要决定于防渗帷幕和排水，坝基渗流状况较为复杂。安康电厂为西北电网主要调峰电厂之一，在电网安全运行中起着举足轻重的作用，而安康大坝的安全状况直接影响到大坝内引水发电系统的可靠运行[4~6]。目前，安康大坝已运行 20 余年，由于受补强加固措施、坝前淤积，以及防渗体(如防渗帷幕、防渗墙等)老化、排水孔失效、基岩裂隙的渗透变形的影响，坝基渗流场发生了变化。因此研究坝基渗流场特性特别是其变化规律，进而准确分析坝基渗流安全，对保证大坝内引水发电系统的安全运行和电网的可靠运行具有重要的实际意义。

(2) 重力坝大坝竣工蓄水后，渗流性态是决定大坝安全的重要因素之一[7~9]，因此分析和研究坝基渗流场变化规律，充分了解坝基渗流场和防渗结构、排水措施的工作性态，正确及时分析评价大坝渗流场以及整个大坝的安全状况并指导工程实践具有重要的理论意义和实用价值[10～13]。同时，可以为及时发现大坝隐患病害并制定合理的处理措施提供科学依据。

(3) 结合实测资料，通过三维渗流数值模拟和人工智能技术的分析计算与演绎，挖掘大坝和坝基运行的新规律和信息，据此指导大坝的安全运行管理。本书的研究成果可为安康大坝补强加固和大坝安全运行提供科学依据和相关技术支持，同时也为国内外已建工程渗流安全和新建工程渗控方案的研究提供借鉴。因此研究坝基渗流特性，评价其对大坝的安全影响，具有重要的理论价值和实用意义[14～16]。

(4) 消力池是水工建筑物经常采用的消能设施之一，其长期稳定和安全运行对确保大坝正常发电和汛期行洪安全至关重要，特别是消力池底板安全稳定尤为关键。但由于种种原因，许多大坝消力池底板都存在安全稳定问题，甚至会发生失稳破坏。一旦发生失稳，轻则影响水电站设计功能的发挥，重则可能造成坝溃厂毁，殃及下游，给人们的生命财产安全造成巨大的损失。工程实践表明，长期处于水下的消力池底板混凝土在渗水压力的作用下，材料中的水泥水化产物溶出和分解并不断被渗水带走，导致混凝土微观结构改变和孔隙率增加，渗透性增大，化学侵蚀逐步加重，混凝土因而损失胶凝性，强度和耐久性逐渐下降[17～20]。因此，混凝土水化学侵蚀是消力池底板混凝土强度及耐久性劣化的重要原因，必须予以重视。

1.2　研究现状及进展

一些大坝的工程事故表明，大坝的失稳或破坏大多涉及大坝岩基稳定或者坝体建基面附近的开裂，而岩体的失稳破坏又大多与岩体的渗流状态直接相关，岩体渗流不但影响岩体的物理力学性质，而且还对岩体应力场有重要影响。但是直到研究人员查明1959年法国的Mallpasset拱坝溃坝和1963年意大利的Vajont拱坝大滑坡是由于水在岩体中运动所引发,这才引起了研究人员对岩体渗流研究的重视,岩体渗流研究才有了较大进展[21～24]。

由于岩体结构和工程实际的复杂性,至今仍缺少能够直接应用于工程实际的通用成熟的理论和方法,但这并不影响广大学者以及工程技术人员探索岩体渗流的本质,并将其推广应用于实际工程中的决心。特别是随着数学、力学的不断完善和计算技术的发展,模糊数学[25]、灰色系统及理论[26]、混沌分形理论[27]、神经网络模型[28]、智能优化算法[29]等非线性科学的不断发展及其在工程领域中的应用,以及高速大容量计算机的出现和数值计算处理软件的不断发展和完善,使得复杂渗流场分析模型的研究呈现全面发展的态势,用于复杂渗流场正反分析的各种新理论、新方法也相继出现。

在应力场研究领域,人们根据材料在不同阶段和荷载作用下所表现出的本构关系,用数值分析方法对坝体应力变化规律及转异特征进行了深入研究。但在复杂渗流场研究领域,人们一直集中在对各种数学计算模型、求解精度以及适用条件等方面的研究,而忽略了对大坝渗流场在不同运行阶段、不同工况组合下所表现出来的变化规律及其转异特征的研究。随着实际工程中大坝渗流场异常情况的出现,人们建立了用于渗流安全监控的各种数学模型[30～33],并对复杂渗流场变化规律及转异特征进行了初步的研究。

复杂渗流场变化规律是指渗流场随时间的变化规律,它对评价大坝渗流场的性态,以及整个大坝的安全状况具有重要意义。大坝安全监控的数学模型可以用来描述效应量和环境量之间的相关关系、对将来的观测值进行估计和预测、对实测数据的精度及有效性进行检验等,但从安全监控的角度来看,其主要目的是了解建筑物的安全状况随时间的变化过程,即将不可恢复量(或变化量)及其规律与水位、温度变化引起的可恢复量及其规律分辨出来。各类监控模型的基本假设都是效应量受环境量的影响，一般可分为水压分量、温度分量和时效分量三个独立的部分，其中水压分量、温度分量为可恢复部分，时效分量为不可恢复部分，它描述了监测量随时间的变化过程。时效分量的影响因素相当复杂，由于认为水压分量、温度分量不随时间变化，实际上其所引起的不可逆部分也被反映在时效分量中，所以时效分量也包括了由结构异常因素引起的监测量变化。因此，时效分量反映了复杂渗流场的变化过程，各类模型的时效分量也就成为评价大坝安全的主要依据，这也是传统数学监控模型应用的基础。时效分量的变化规律一定程度上反映了大坝的工作性态，吴中如等[34]将测值的趋势性变化类型分为四种，即逐渐减小、逐渐趋于稳定、以一定速率发展和速率不断加大，并用2倍或3倍的均方差进行技术报警，以判断测值变化趋势是否在允许范围内。何金平等[35]将大坝实测效应量随着时间推移而出现的时效分量的趋势性变化过程作为大坝结构实测性态综合评价的定量指标，并认为它是大坝结构实测性态正常与否的重要标志之一。将效应量的时效分量分为以下五种表现形式：①时效分量基本无变化或在一定范围内小幅度变化，这是一种比较理想的状况，对大坝安全最为有利；②时效分量在初期增长较快，在运行期变化平稳，变化幅度较小，这种情况在实际工程中最为常见，是一种比较正常的情况；③时效分量以相同的速率持续增长，这种情况表明大坝存在危及安全的隐患，对大坝的安全较为不利；④时效分量以逐渐增大的速率持续增长，这是对大坝安全显著不利的情况，表明大坝的隐患正在向不利的方向发展；⑤时效分量持续增长，并在变化过程中伴有突然增大的现象，这是对大坝安全最为不利的情况，表明大坝的隐患已发生恶化，并继续向更加恶化的方向发展。这五种变化趋势分别对应于大坝结构实测性态综合评价的五种评价等级：正常、基本正常、轻度异常、重度异常和恶性失常。

在特定水文地质条件和环境量作用下，大坝及岩基将产生复杂的渗流场。环境量是一个随时间连续变化的随机过程，大坝及岩基渗流场也将在环境量的反复作用下表现出随时间变化的规律和特征。影响渗流场变化的因素极为复杂，其中新的工程措施、坝前淤积等引起渗流场的改善，而基岩裂隙和坝体裂缝随着渗透压力和水化学侵蚀作用而产生的渗透变形、防渗体（如防渗帷幕、防渗墙等）老化等所导致防渗性能的降低，坝基排水孔失效，以及形成新的渗漏通道、工程质量老化等都将引起渗流场的改变[36～38]。

对复杂渗流场变化规律的研究除了从水物理场（渗透压力、渗流量、测压管水头等）的角度进行以外，研究者也着手从水化学场的角度进行研究[39～45]。实际上，水化学场也是复杂渗流场的重要组成部分。库水作为一种溶液，在向坝基运移过程中会产生水与坝基岩石之间、水与混凝土之间、水与帷幕之间以及水与灌浆材料之间的相互作用，水中的溶质将产生物理和化学上的相互交换，最后这些作用和交换的结果将反映在坝基水质特征中。坝基地下水径流条件制约着溶质交换的速度和程度，反过来地下水水质特征也必将反映出大坝的渗流特性，这便是用水化学场来分析和研究渗流场变化规律的原理所在。运用水文地球化学原理，对坝基地下水的 pH、化学成分、化学类型及其成因等进行全面分析[46～54]，从而对坝基地下水所处的地球化学环境的形成过程和变迁历史进行推理分析，为评价大坝防渗帷幕的防渗性能以及排水孔的排水效果提供依据，达到对复杂渗流场变化规律的认识。

在渗流场计算区域内，满足不可压缩流体稳定渗流的控制微分方程在一定的已知条件下，如水头边界、流量边界等，才可以求得注解，此时方可对渗流场计算区域内的渗流要素如水头、流量等进行求解。大坝及岩基渗流场的变化除了与坝体上下游水位有关外，还与坝体坝基防渗结构密切相关。在大坝投入运行后，如果坝体坝基防渗结构没有发生明显变化，则在相同边界条件下，大坝渗流场的变化规律应该相似，当大坝渗流场出现异常的变化规律时，表明大坝防渗结构有可能已经发生变化。也就是说,大坝防渗结构应该是制约渗流场变化的内在因素,研究大坝在不同防渗结构下渗流场所表现出来的特征,对分析和评价大坝的渗流状况具有重要意义。

如果将复杂渗流场与防渗结构之间的各种功能关系用一系列算子来表示,这些关系可以通过确定性方法如有限元计算来确定,因此,各算子之间会表现出一定的约束条件。所谓渗流场转异特征是指当大坝防渗结构发生恶化,如防渗帷幕被击穿、排水孔失效,以及坝基和坝体出现异常析出物等,各算子之间所表现出来的定性或定量关系及特征。

在转异特征研究方面,对复杂渗流场转异特征的研究并不多见,尤其是当坝体排水孔和坝基防渗帷幕全部有效、部分失效及全部失效时,大坝渗流场转异特征具有以下特点:①坝体浸润线与坝体排水孔的排水效果密切相关,排水效果良好的排水孔能有效地降低坝体浸润线,减少坝体扬压力,而坝基排水孔则对降低坝基扬压力效果明显;②坝基防渗帷幕也能降低坝基扬压力,当防渗帷幕的渗透系数比坝基岩体的渗透系数小两个数量级时,能起到较好的防渗效果,但在帷幕深度一定时继续降低防渗帷幕的渗透系数,效果并不明显;③当排水孔和防渗帷幕全部失效后,坝体的渗流状态完全取决于层面的渗透性,层面渗透性强,坝体浸润线上抬,反之,坝体浸润线下降[55~57]。

王进攻[58]以龙滩碾压混凝土重力坝为例,详细论证了高碾压混凝土重力坝的防渗排水渗控机理,并对排水孔和防渗帷幕的敏感性进行了分析,得到以下结论:①设置排水幕可以有效地降低坝体层面和缝面上的扬压力,孔径的大小应满足排水孔在大坝长期运行过程中不会被堵塞的要求;②合理设置坝上游面防渗体和防渗体后排水幕等排水设施可以有效地降低坝下游面渗流溢出面的位置高度,且当防渗体的渗透系数比坝体垂直方向的渗透系数小一个数量级以上时,效果更为明显;③坝上游面防渗体厚度或排水幕距坝上游面的距离要足够大,才可以有效地降低排水幕上游面混凝土中的水力坡降,防止发生水力击穿等渗透变形现象;④坝基防渗帷幕和排水幕对大坝渗流场的控制作用是相辅相成的,防渗帷幕的设置改善坝基排水幕的排水降压效果,使得帷幕后排水幕更易排空坝基面岩体中的水流。

胡蕾等[59]在对溪洛渡水电站水工建筑物防渗排水方案进行分析后指出:①在两岸坝肩设置防渗帷幕和排水设施能够改善大坝坝后岸坡地下水渗流场;②采用大坝坝基、消力池基础、地下水厂房区,以及厂房和坝肩连接段帷幕、排水联合系统,能有效地降低各类水工建筑物建基面扬压力和岩体内的渗透力作用,改善坝区岩体地下水渗流场。

周志芳等[60]通过考虑排水孔间距、方向、深度、排水孔有效性,以及排水孔的出水能力等因素的影响,分析论证了三峡工程坝基渗控设计方案,并指出:①排水孔方向对坝体水头分布有一定影响,理论上以排水孔垂直设置排水降压效果最好;②排水孔深度对坝体水头分布也有一定的影响,排水孔深度越深,排水降压效果越好,同时排水孔的排水量也越大;③排水孔水头损失对坝底水头分布影响较为明显。

因此,水工建筑物防渗帷幕深度、厚度和排水孔走向、深度、孔间距、排水孔高程等对整个研究区域内地下水渗流运动规律起着至关重要的作用。对于一座已经投入运行的大坝来说,这些设计参数都是经过严格周密的科学论证后,选择经济合理的防渗排水方案,但由于施工质量以及运行过程中防渗结构的不断变化,如防渗帷幕老化、排水孔堵塞等,实际情况可能并非如此,大坝及岩基渗流场也就有可能出现一些异常情况。

通过建立混凝土化学损伤的反向模型和混凝土-水化学耦合模型数值模拟消力池底板混凝土化学侵蚀的过程,研究消力池底板混凝土化学侵蚀的强度及其发展速率,分析化学侵蚀对消力池底板混凝土强度和耐久性的影响,预测化学侵蚀对已破损消力池底板今后运行的影响,并为今后消力池底板修复中如何提高混凝土抗化学侵蚀提供依据。

1.3　本书主要研究内容

混凝土重力坝及其耐久性衰减是一种缓慢过程，它不仅通过改变成分、结构和性状来逐渐减弱筑坝材料和岩土体的强度，而且通过改变其渗透特性、渗流性态和应力状态来最终影响坝基的稳定性，从而也影响到大坝功能的正常发挥，缩短大坝的服役寿命，甚至会直接威胁到整个大坝的安全。本书以安康大坝及坝基为研究对象，建立复杂地质体三维仿真有限元模型，针对目前已有的复杂渗流场监控模型，结合原型实测资料，建立适于复杂渗流场监控的模型；通过分析复杂渗流场的时间效应，建立确定复杂渗流场变化规律的渗透系数时序模型，利用时效和监控指标、监控模型等判别方法对复杂渗流场进行转异识别，最后分析不同帷幕灌浆效果方案下的渗流场特征，特别是渗流量的变化规律，具体来说包括以下六部分。

(1) 结合安康大坝坝基渗流监测资料和三维渗流数值模拟成果，应用神经网络反演坝基帷幕的渗透系数，建立安康大坝坝基渗透系数时变模型，并据此研究坝基渗流场变化规律。在对坝基渗流特性分析研究的基础上，评价坝基渗流场工作性态及其对整个大坝安全状况的影响。

(2) 采用三维渗流仿真模拟坝基防渗帷幕性态变化对坝基渗流场的影响规律，研究坝基渗流性态转异特征，在此基础上利用时效分量法和监控模型对坝基渗流性态转异进行识别。采用有限元模型结合神经网络的方法论证渗流场随渗透系数和库水位变化的关系表达式，建立能够隐式反映复杂渗流场变化规律 $k=f(t)$ 的渗透系数时序模型，据此分析和研究坝基渗流场变化规律。

(3) 不同工况条件下(如灌浆条件下)，开展坝基流场特性及排水量特性研究。开展安康大坝复杂渗流场转异特征研究。利用时效和监控指标、监控模型等判别方法对复杂渗流场进行转异识别，模拟出大坝运行时的渗流量转异点。

(4) 选择不同的帷幕灌浆效果条件下的坝基帷幕渗透系数,分析不同帷幕灌浆效果方案下的渗流场特征,特别是渗流量的变化规律。

(5) 研究大坝渗流场的变化规律和防渗结构、排水措施的工作性态,及时发现大坝隐患病害并制定合理的处理措施,为评价大坝渗流场以及整个大坝的安全状况提供科学依据。

(6) 研究消力池底板混凝土化学侵蚀的强度及其发展速率,分析化学侵蚀对消力池底板混凝土强度和耐久性的影响,预测化学侵蚀对已破损消力池底板今后运行的影响,并为今后在消力池底板修复中如何提高混凝土抗化学侵蚀提供依据。

第2章 重力坝渗流场特性分析

本章以安康大坝为例进行渗流场特性分析。安康大坝位于汉江上游安康城西 18km 处，下游距丹江口水库约 260km，上游距石泉水库约 170km。

安康水库是以发电为主，兼顾航运、防洪、旅游及养殖等综合效益的水利枢纽工程，水库正常高水位 330m，相应库容 25.80 亿 m^3，死水位 300m，相应库容 9.10 亿 m^3，可进行不完全年调节。大坝设计洪水标准为千年一遇，洪峰流量 36700m^3/s，相应坝前设计洪水位 333.10m；校核洪水标准为万年一遇，洪峰流量 45000m^3/s，相应坝前校核洪水位 337.05m。

安康水库安装 4 台单机容量 200MW 的水轮发电机组，总装机容量 800MW，保证出力 175MW，多年平均发电量 28 亿 kW·h。另外，在右岸排沙洞出口处装有 1 台 52.5MW 发电机，利用汛期弃水和电站冲沙水流发电。

安康水库采用折线型混凝土整体重力坝、右岸坝后厂房、左岸泄流及垂直升船机的布置方式。坝顶高程 338m，拦河坝坝顶全长 541.5m，共分 27 个坝段，从右至左编号：0# ～5# 坝段为右岸非溢流坝段，其中 5# 坝段布置有直径为 4.0m 的排沙钢管，兼作 52.5MW 发电机的引水钢管；6# ～9# 坝段为厂房坝段，各坝段均有直径为 7.5m 的引水压力钢管；10# 坝段为右底孔坝段；11# ～15# 坝段为表孔坝段；16# 坝段为左底孔坝段；17# ～21# 坝段为中孔坝段；22# ～26# 坝段为左岸非溢流坝段。

安康水库属一等大(1)型工程，其中大坝、泄洪建筑物、引水系统、厂房等建筑物为1级建筑物;通航建筑物为2级建筑物;其他建筑物为3级或4级建筑物。安康水库坝基区地震基本烈度为Ⅶ度,大坝按Ⅷ度设防,主、副厂房及升船机排架按Ⅶ度设防。

安康水库工程于1978年正式开工,1979年3月开始大坝坝体混凝土的浇筑,1983年12月截流,1989年12月23日导流底孔下闸,1990年12月水库正式蓄水,第一台机组投产发电,1992年12月全部机组投入运行,1998年2月工程竣工。

2.1 重力坝分析模型与研究方案

本节建立的三维有限元模型包括坝体、裂隙岩体坝基、坝基断层,以及坝体内分布众多的排水廊道。分析模型包括几何模型与渗流模型两大部分,根据长期实测资料的分析结果,本书选择表孔坝段作为典型坝段进行系统深入的分析,研究不同工况下大坝坝体、坝基的渗流场特征。

2.1.1 重力坝几何模型

根据分析计算与要求,应用大型通用工程数值仿真分析软件ANSYS进行渗流分析,该软件中有100多种分析单元可以选用,根据该工程分析技术的要求,本书采用下面的单元对坝体、岩基等进行详细的模拟。

1. 高精度20节点六面体渗流分析单元

高精度20节点六面体单元适用于稳定渗流分析系统中的三维渗流问题。该块体单元有20个节点,如图2.1所示。其主要的输入参数有:3个方向的渗透系数k_x、k_y、k_z等。能够施加的荷载有:节点荷载、线荷载、面荷载、自重荷载、初始应力和温度荷载等。

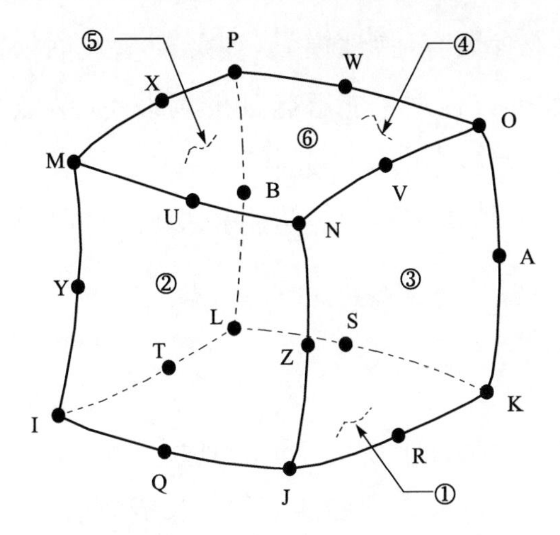

图2.1　8节点单元几何模型示意图

①～⑥为六面体的六个面；字母为20个节点

本书中，应用此单元对分析区域的坝基岩体和坝体有规则的部位进行部分模拟。

2. 高精度10节点四面体单元

该单元适用于稳态和瞬态渗流系统中的三维问题，用于不规则岩体的剖分，且有较好的剖分效果。该块体单元有10个节点，如图2.2所

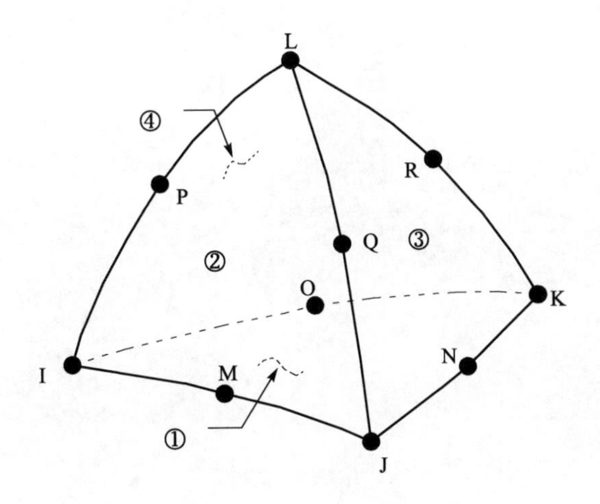

图2.2　10节点单元几何模型示意图

示。其主要的输入参数有:弹性模量(变形模量)、泊松比、黏聚力、内摩擦角、容重和单轴抗拉强度。能够施加的荷载有:节点荷载、线荷载、面荷载、自重荷载、初始应力和温度荷载等。

本书中,在对坝基岩体和坝体进行模拟时,将此单元应用于岩体和坝体边角处。

3. 模型范围

沿流水方向取距坝踵上游约 150m 到坝后混凝土下游约 80m 的范围,竖直方向上,上边界取大坝和地面的上边界,而下边界取坝基向下约 1.5 倍坝高,根据此原则选取分析范围,本书选取表孔坝段进行分析,分析模型范围如图 2.3 所示。

4. 三维有限元单元网格

三维有限元模型中总共含有单元 488109、节点 688868,其中,大坝坝体单元厂房坝段有限元模型单元 19997,灌浆体区域单元 46384,坝基结构面单元 110229,坝基岩体单元 468112。各部分的三维有限元分析网格如图 2.4 所示。

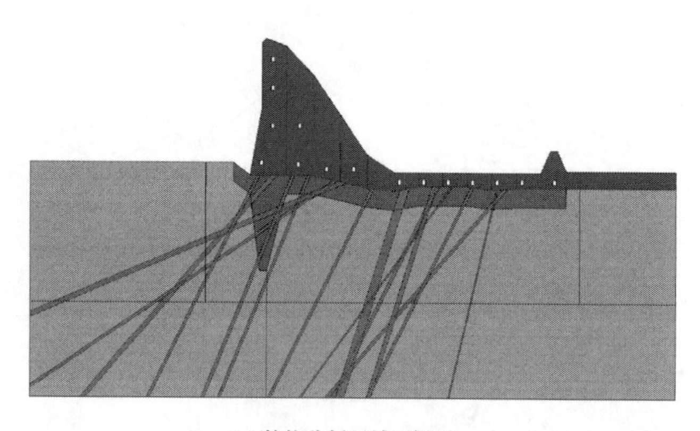

(a) 整体分析区域正视图

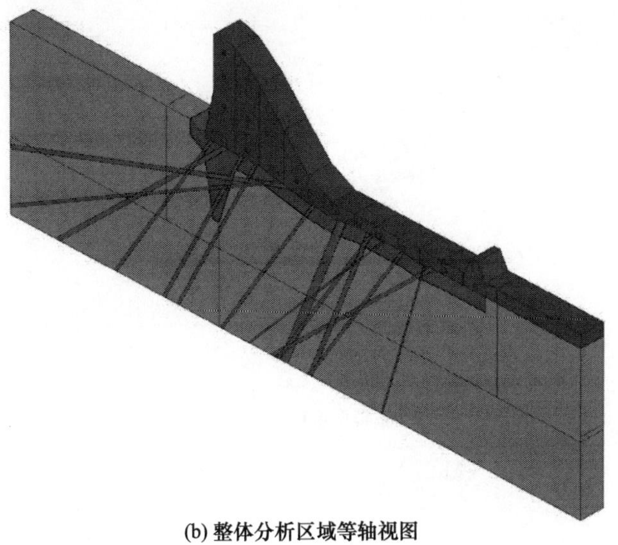

(b) 整体分析区域等轴视图

(c) 坝体分析区域

(d) 分析模型坝基中的结构体

(e) 分析模型坝基中灌浆体

图 2.3　分析模型范围示意图

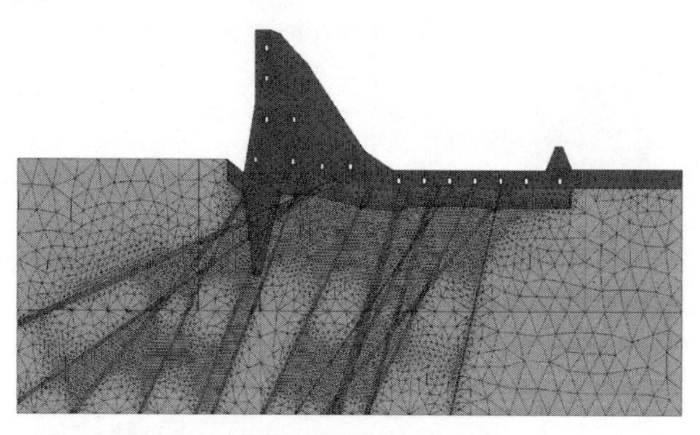

(a) 三维整体有限元网格图(正视)

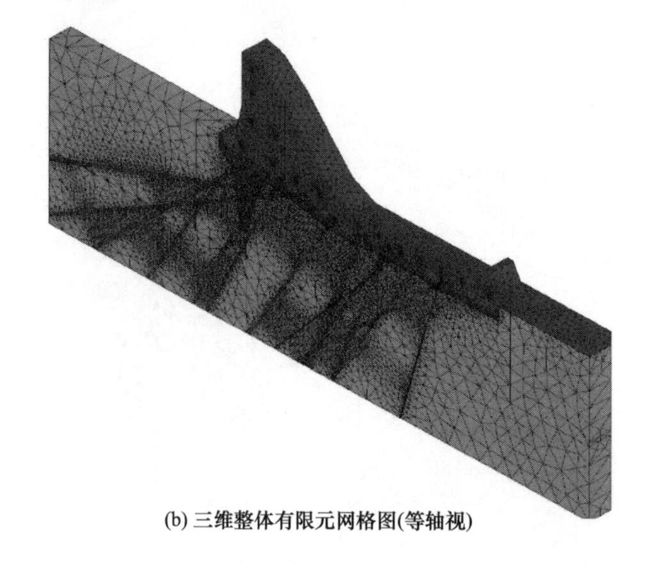

(b) 三维整体有限元网格图(等轴视)

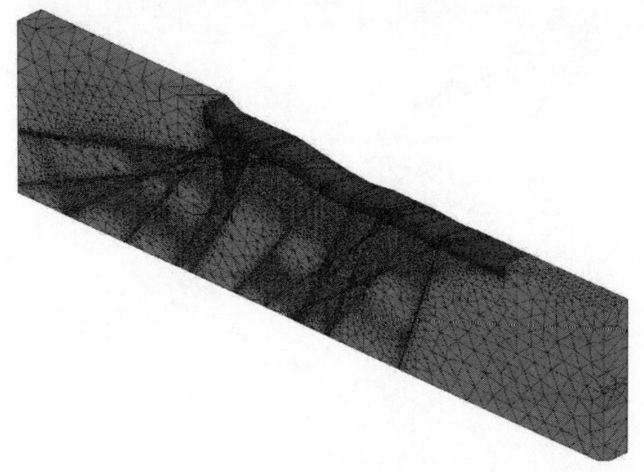

(c) 三维有限元分析岩基网格图

(d) 三维有限元分析岩基结构体网格图

(e) 三维有限元分析坝体网格图

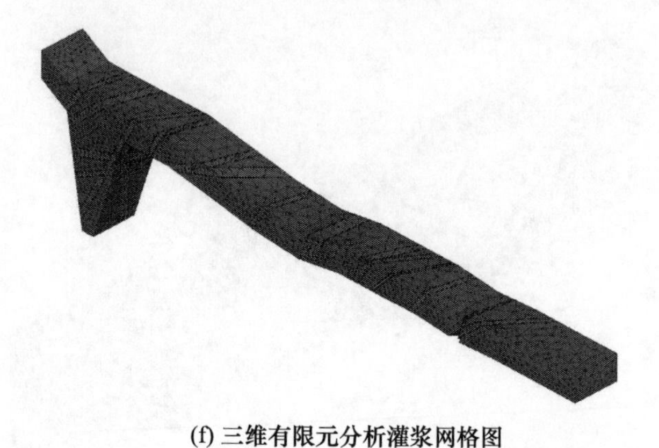

(f) 三维有限元分析灌浆网格图

图 2.4　整体与各部分三维有限元网格图

2.1.2　渗流模型与参数选取

1. 渗流本构模型

稳定达西流渗流模型为

$$\frac{\partial}{\partial x}\left(k_x \frac{\partial h}{\partial x}\right)+\frac{\partial}{\partial y}\left(k_y \frac{\partial h}{\partial y}\right)+\frac{\partial}{\partial z}\left(k_z \frac{\partial h}{\partial z}\right)=0 \tag{2.1}$$

式中，$h=h(x,y,z)$，为待求水头函数；k_x、k_y、k_z 分别为 x、y、z 向的渗透系数。

与式(2.1)相对应的定解条件为

水头边界　　$h|_{\Gamma_1}=h_1(x,y,z)$

流量边界　　$-k_n \frac{\partial h}{\partial n}\Big|_{\Gamma_1,\Gamma_2}=q$

式中，Γ_1 为第一类边界条件，如上下游水位边界条件、自由溢出段边界等已知水头边界；Γ_2 为不透水边界与潜流边界等第二类边界条件即已知流量边界。

根据相应定解条件应用有限元法求解式(2.1)，其原理和实现方法见文献[3]。本次计算中土体均概化为非均质各向同性。

在渗流计算中同时考虑到岩体裂隙中的毛细吸附上升作用为

$$\int_V \rho_w (dV_w + dV_c) = \int_V \rho_w (n_w + n_c) dV \tag{2.2}$$

式中，ρ_w 为水的密度；V_w 为孔隙水体积；V_c 为裂隙水体积；n_w 为空隙水体积系数；n_c 为裂隙水体积系数。

岩体中水的质量随时间变化的过程为

$$\frac{d}{dt}[\rho_w (n_w + n_c) dV] = \int_V \frac{1}{J} \frac{d}{dt}[J\rho_w (n_w + n_c)] dV \tag{2.3}$$

式中，J 为水力坡降。

单位时间内流过单元体的水的质量计算为

$$m = -\int_S \rho_w n_w n v_w dS \tag{2.4}$$

式中，v_w 为水流相对于岩体的流动速度；n 为 S 面的法向方向。

综合以上的水流随时间变化的质量公式，平衡方程为

$$\int_V \frac{1}{J} \frac{d}{dt}[J\rho_w (n_w + n_c)] dV = -\int_S \rho_w n_w n v_w dS \tag{2.5}$$

连续状态方程为

$$\int_V \delta v_w \left\{ [\rho_w (n_w + n_c)]_{t+\Delta t} - \frac{1}{J_{t+\Delta t}} [J\rho_w (n_w + n_c)]_t \right\} dV + \Delta t \int_V \delta v_w \left[\frac{\partial}{\partial X}(\rho n_w) \right]_{t+\Delta t} dV = 0 \tag{2.6}$$

2. 渗流边界模型

边界条件是渗流区边界所处的条件，用以表示水头 H（或渗流量 q）在渗流区边界上所应满足的条件，也就是渗流区内水流与其周围环境相互制约的关系。

1）第一类边界条件

如果在安康大坝一部分边界（设为 S_1 或 Γ_1）上，各点在每一时刻的水头都是已知的，则这部分边界就称为第一类边界或给定水头的边界，

给定水头边界不一定就是定水头边界。

2) 第二类边界条件

当已知安康大坝一部分边界(设为 S_2 或 Γ_2)单位面积(二维空间为单位宽度)上流入(流出时用负值)的流量 q 时,称为第二类边界或给定流量的边界。

3) 第三类边界条件(混合边界条件)

安康大坝边界上 H 和 $H+\alpha H=\beta_n$ 又称混合边界条件,α、β 为已知函数。边界为弱透水层(渗透系数为 K_1,厚度或宽度为 m_1)浸润曲线的边界条件为 $HK=qnc^2$,当浸润曲线下降时,从浸润曲线边界流入渗流区的单位面积流量 q 为 $Hq=\cos(\theta t)$,其中,θ 为浸润曲线外法线与铅垂线间的夹角。

3. 参数选取

坝基岩体和坝体混凝土的渗流力学参数选取如表 2.1 所示。

表 2.1 所用材料物理力学参数表

材料	容重 γ/(kN/m³)	变形模量 E/GPa	泊松比 μ	渗透系数/(cm/s)
大坝主体混凝土 C20	2.40	25.5	0.167	3.34×10^{-8}
大坝垫层混凝土 C15	2.40	22.0	0.167	6.89×10^{-8}
大坝抗冲层混凝土 C35	2.50	31.5	0.167	1.34×10^{-8}
坝基结构体	2.3	1.0	0.41	1.39×10^{-5}
坝基一般岩体	2.7	8.0	0.27	2.04×10^{-6}
坝基帷幕、防渗体	2.6	7.0	0.3	4.00×10^{-6}

2.1.3 计算荷载和工况

分析中各种荷载均按《混凝土重力坝设计规范》(SL 319—2018)[61]进行计算,确定计算的水位工况。表 2.2 给出了安康水库计算工况特征水位及洪水特性表,以便计算各工况条件下的荷载。

表 2.2　安康水库特征水位及洪水特性表

工况	工况概述	洪水频率/%	库水位/m	水库洪峰流量/(m^3/s)	调洪后下泄流量/(m^3/s)	试验实测流量/(m^3/s)	下游尾水位/m
工况1	大坝校核洪水位	0.01	337.05	45000	37600	37700	245.30
工况2	大坝设计、厂房校核洪水位	0.1	333.10	36700	31500	32000	242.80
工况3	厂房设计水位	1	329.25	28100	25700	26500	240.0
工况4	护岸设计水位	2	328.40	25200	24200	25200	249.20
工况5	常遇洪水水位	5	328.00	21500	限泄17000	—	244.4
工况6	死水位	—	300.00	—	3971	—	240.10

2.1.4　分析所用的特征部位

根据分析的内容与目的，参照安康大坝的大坝渗流场监测控制点，本次主要选择大坝表孔坝段特征部位的水头和渗流量进行分析。先选择分析的关键部位如图2.5所示。对于D_1～D_{15}主要分析渗流量，而对于G_1～G_{15}主要分析水头。

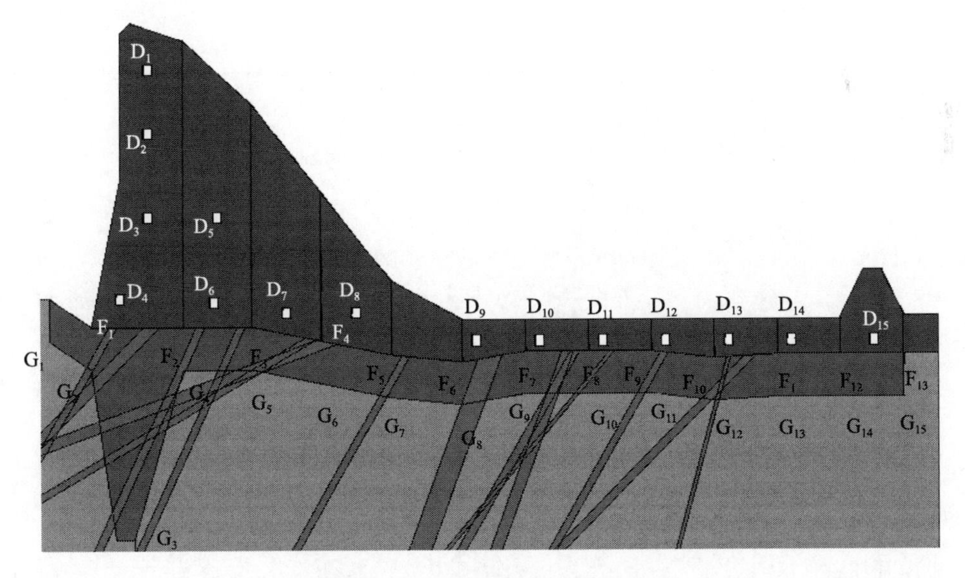

图2.5　分析关键部位位置示意图

2.2　渗流场变化规律与特征分析

2.2.1　大坝坝基渗流场分析

表2.3给出了分析坝段各工况下坝基面特征部位水头，表2.4给出了分析坝段各工况下灌浆区底部特征部位水头。

图2.6～图2.11给出了大坝校核洪水位(工况1)，大坝设计、厂房校核洪水位(工况2)，厂房设计水位(工况3)，护岸设计水位(工况4)，常遇洪水水位(工况5)，死水位(工况6)大坝坝基渗流场水头分布图。

表2.3　分析坝段各工况下坝基面特征部位水头

部位	水头/m					
	工况1	工况2	工况3	工况4	工况5	工况6
F_1	110.10	106.10	102.30	101.40	101.00	73.00
F_2	33.42	32.05	30.73	30.41	30.02	20.57
F_3	24.71	23.65	22.59	22.33	21.77	14.53
F_4	24.35	23.25	22.15	21.87	21.06	13.84
F_5	27.71	26.39	25.03	24.67	23.30	14.95
F_6	21.64	20.61	19.52	19.23	18.02	11.55
F_7	15.60	14.83	14.01	13.78	12.70	8.02
F_8	14.71	13.98	13.18	12.96	11.85	7.42
F_9	14.67	13.92	13.11	12.89	11.71	7.27
F_{10}	16.65	15.80	14.87	14.62	13.25	8.19
F_{11}	16.87	15.99	15.03	14.76	13.28	8.11
F_{12}	23.51	22.26	20.88	20.49	18.29	11.00
F_{13}	31.83	30.10	28.18	27.64	24.47	14.49

从表2.3和图2.6～图2.11可知，F_1部位为坝踵，此点的水位为上游水位高程与该点高程的差值。对多个关键部位进行比较可知，F_8、F_9部位的水头最小。F_1～F_7水头渐渐减小，F_9～F_{13}水头逐渐增大。对于F_4部位，在大坝校核洪水位(工况1)，大坝设计、厂房校核洪水位(工况

2)，厂房设计水位(工况3)，护岸设计水位(工况4)，常遇洪水水位(工况5)，死水位(工况6)六种工况下水头分别为24.35m、23.25m、22.15m、21.87m、21.06m、13.84m。对于F_9部位，在上述六种工况下水头分别为14.67m、13.92m、13.11m、12.89m、11.71m、7.27m。

表2.4 分析坝段各工况下灌浆区底部特征部位水头

部位	水头/m					
	工况1	工况2	工况3	工况4	工况5	工况6
G_1	92.10	88.53	85.14	84.33	83.80	58.97
G_2	76.94	73.96	71.11	70.43	69.95	49.20
G_3	57.81	55.48	53.21	52.66	51.92	35.92
G_4	42.23	40.51	38.85	38.44	37.86	26.09
G_5	34.56	33.11	31.68	31.32	30.62	20.80
G_6	31.79	30.41	29.02	28.67	27.76	18.59
G_7	30.21	28.85	27.46	27.10	25.93	17.10
G_8	26.54	25.32	24.05	23.71	22.47	14.66
G_9	22.42	21.35	20.24	19.94	18.69	12.06
G_{10}	20.82	19.82	18.75	18.46	17.15	10.94
G_{11}	20.37	19.37	18.29	17.99	16.58	10.46
G_{12}	21.38	20.30	19.14	18.82	17.21	10.74
G_{13}	22.49	21.33	20.07	19.72	17.88	11.02
G_{14}	25.28	23.96	22.51	22.10	19.87	12.08
G_{15}	30.40	28.78	26.99	26.48	23.61	14.15

从表2.4和图2.6～图2.11中可知，灌浆帷幕前G_1、G_2两个关键部位，渗流场水头在各工况均较大，对于G_1部位，在大坝校核洪水位(工况1)，大坝设计、厂房校核洪水位(工况2)，厂房设计水位(工况3)，护岸设计水位(工况4)，常遇洪水水位(工况5)，死水位(工况6)六种工况下水头分别为92.10m、88.53m、85.14m、84.33m、83.80m、58.97m。对于G_2部位，在上述六种工况下水头分别为76.94m、73.96m、71.11m、70.43m、69.95m、49.20m。水头最小值出现在G_1～G_{15}中的G_{11}点。G_{11}点在六种工况下水头分别为20.37m、19.37m、18.29m、17.99m、16.58m和10.46m。

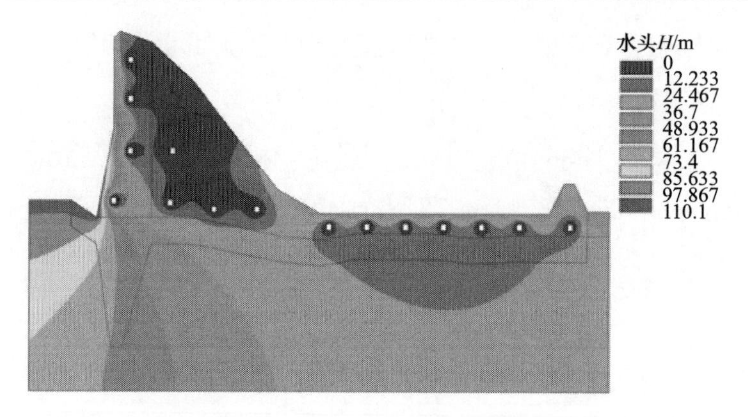

图 2.6　大坝校核洪水位(工况 1)大坝坝基渗流场水头分布图

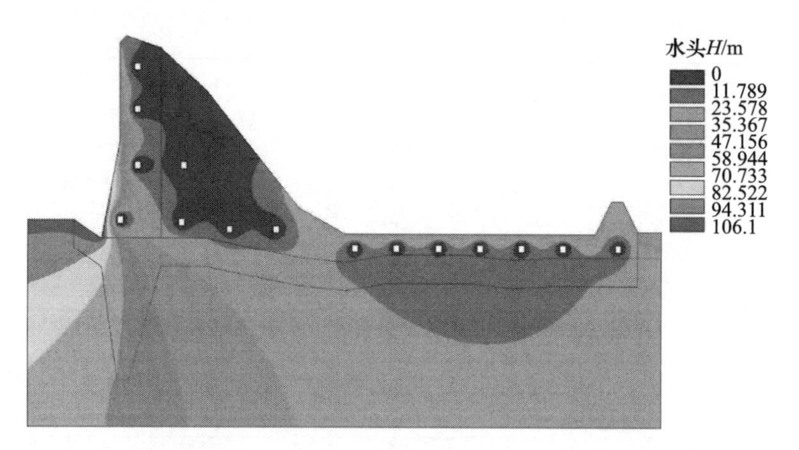

图 2.7　大坝设计、厂房校核洪水位(工况 2)大坝坝基渗流场水头分布图

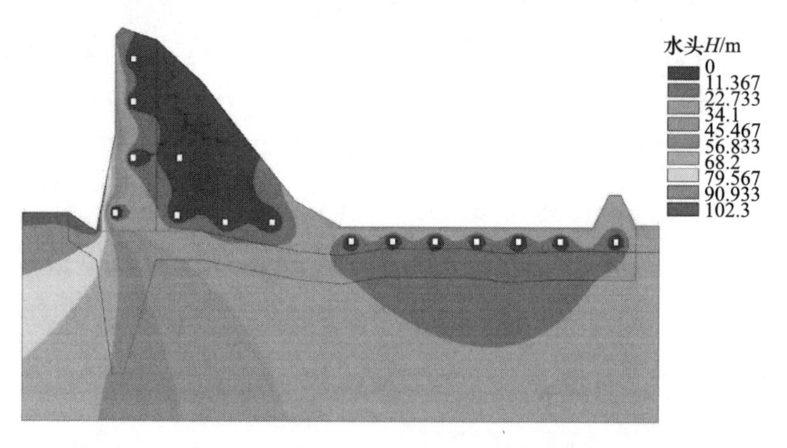

图 2.8　厂房设计水位(工况 3)大坝坝基渗流场水头分布图

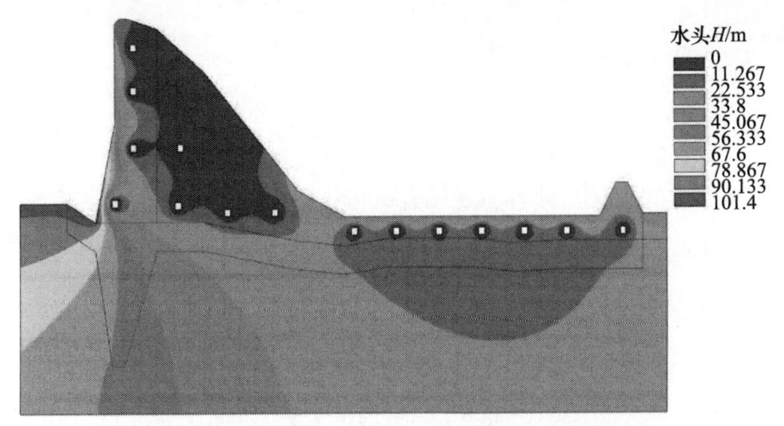

图 2.9　护岸设计水位(工况 4)大坝坝基渗流场水头分布图

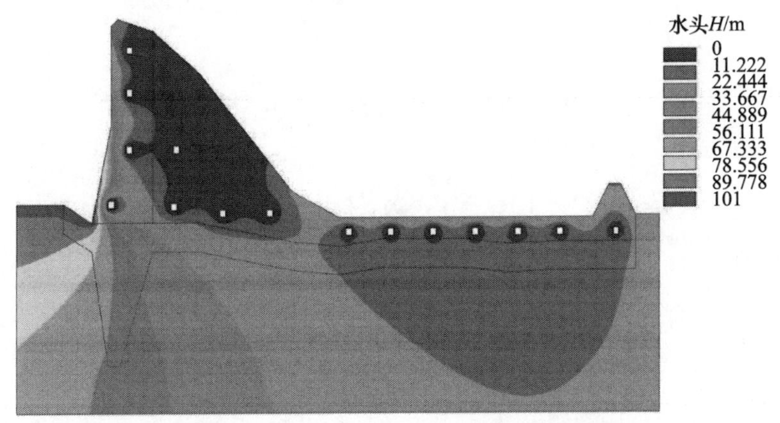

图 2.10　常遇洪水水位(工况 5)大坝坝基渗流场水头分布图

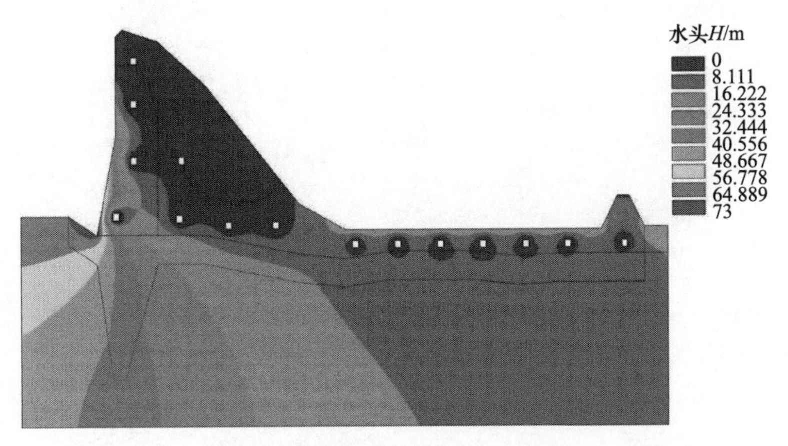

图 2.11　死水位(工况 6)大坝坝基渗流场水头分布图

2.2.2 大坝坝基渗流量分析

表2.5给出了分析坝段各工况下的排水廊道渗流量。从表2.5可知，随着上下游水头差的减小，排水廊道的渗流量不断减小。对于排水廊道D_1，在大坝校核洪水位(工况1)，大坝设计、厂房校核洪水位(工况2)，厂房设计水位(工况3)，护岸设计水位(工况4)，常遇洪水水位(工况5)，死水位(工况6)六种工况下渗流量分别为1.61×10^{-3} cm³/s、1.43×10^{-3} cm³/s、1.25×10^{-3}cm³/s、1.21×10^{-3} cm³/s、1.18×10^{-3} cm³/s、3.12×10^{-5} cm³/s。对于排水廊道D_4，在上述六种工况下渗流量分别为5.50×10^{-3} cm³/s、5.28×10^{-3}cm³/s、5.07×10^{-3} cm³/s、5.02×10^{-3} cm³/s、4.99×10^{-3} cm³/s、3.44×10^{-3} cm³/s。对于排水廊道D_{12}，在上述六种工况下渗流量分别为8.53×10^{-4}cm³/s、8.08×10^{-4}cm³/s、7.58×10^{-4} cm³/s、7.44×10^{-4} m³/s、6.63×10^{-4} cm³/s、4.02×10^{-4} cm³/s。对于分析的各排水廊道，排水廊道D_{15}的渗流量最小，排水廊道D_4的渗流量最大。对排水廊道D_9～D_{15}进行比较，可以看出从排水廊道D_9到排水廊道D_{15}的渗流量越来越小。

表2.5 分析坝段各工况下排水廊道渗流量

部位	渗流量/(cm³/s)					
	工况1	工况2	工况3	工况4	工况5	工况6
D_1	1.61×10^{-3}	1.43×10^{-3}	1.25×10^{-3}	1.21×10^{-3}	1.18×10^{-3}	3.12×10^{-5}
D_2	3.20×10^{-3}	2.94×10^{-3}	2.67×10^{-3}	2.61×10^{-3}	2.57×10^{-3}	7.06×10^{-4}
D_3	2.94×10^{-3}	2.79×10^{-3}	2.64×10^{-3}	2.61×10^{-3}	2.59×10^{-3}	1.48×10^{-3}
D_4	5.50×10^{-3}	5.28×10^{-3}	5.07×10^{-3}	5.02×10^{-3}	4.99×10^{-3}	3.44×10^{-3}
D_5	1.87×10^{-4}	1.66×10^{-4}	1.47×10^{-4}	1.38×10^{-4}	1.16×10^{-4}	2.21×10^{-5}
D_6	4.86×10^{-4}	4.64×10^{-4}	4.42×10^{-4}	4.37×10^{-4}	4.26×10^{-4}	2.71×10^{-4}
D_7	4.10×10^{-4}	3.88×10^{-4}	3.66×10^{-4}	3.60×10^{-4}	3.39×10^{-4}	1.9×10^{-4}
D_8	6.38×10^{-3}	6.04×10^{-3}	5.66×10^{-3}	5.56×10^{-3}	4.95×10^{-3}	2.95×10^{-3}
D_9	8.49×10^{-4}	8.05×10^{-4}	7.56×10^{-4}	7.4×10^{-4}	6.68×10^{-4}	4.07×10^{-4}
D_{10}	8.91×10^{-4}	8.45×10^{-4}	7.94×10^{-4}	7.79×10^{-4}	7.00×10^{-4}	4.28×10^{-4}
D_{11}	8.73×10^{-4}	8.27×10^{-4}	7.77×10^{-4}	7.62×10^{-4}	6.82×10^{-4}	4.15×10^{-4}
D_{12}	8.53×10^{-4}	8.08×10^{-4}	7.58×10^{-4}	7.44×10^{-4}	6.63×10^{-4}	4.02×10^{-4}
D_{13}	8.34×10^{-4}	7.90×10^{-4}	7.40×10^{-4}	7.26×10^{-4}	6.45×10^{-4}	3.89×10^{-4}
D_{14}	8.65×10-⁴	8.1×10^{-4}	7.68×10^{-4}	7.5×10^{-4}	6.68×10^{-4}	4.02×10^{-4}
D_{15}	7.70×10^{-4}	7.27×10^{-4}	6.80×10^{-4}	6.66×10^{-4}	5.87×10^{-4}	3.40×10^{-4}

2.2.3 大坝坝基渗流梯度分析

表 2.6 给出了分析坝段各工况下坝基面特征部位渗流梯度，表 2.7 给出了分析坝段各工况下灌浆区底部特征部位渗流梯度。

表 2.6　分析坝段各工况下坝基面特征部位渗流梯度

部位	渗流梯度					
	工况 1	工况 2	工况 3	工况 4	工况 5	工况 6
F_1	7.69	7.43	7.19	7.13	7.12	5.28
F_2	0.99	0.95	0.92	0.91	0.89	0.64
F_3	1.51	1.45	1.40	1.39	1.38	1.02
F_4	1.23	1.19	1.14	1.13	1.13	0.82
F_5	0.30	0.29	0.30	0.30	0.35	0.32
F_6	1.29	1.23	1.17	1.16	1.12	0.75
F_7	1.15	1.09	1.03	1.01	0.94	0.60
F_8	1.04	0.98	0.93	0.91	0.83	0.52
F_9	0.87	0.82	0.78	0.76	0.69	0.43
F_{10}	0.87	0.82	0.78	0.77	0.72	0.46
F_{11}	0.86	0.82	0.77	0.76	0.70	0.44
F_{12}	0.54	0.51	0.47	0.46	0.38	0.21
F_{13}	1.25	1.18	1.10	1.07	0.93	0.54

表 2.7　分析坝段各工况下灌浆区底部特征部位渗流梯度

部位	渗流梯度					
	工况 1	工况 2	工况 3	工况 4	工况 5	工况 6
G_1	1.16	1.12	1.07	1.07	1.07	0.76
G_2	1.22	1.17	1.13	1.12	1.12	0.79
G_3	0.54	0.52	0.50	0.50	0.50	0.36
G_4	0.72	0.70	0.67	0.66	0.66	0.47
G_5	0.70	0.67	0.64	0.64	0.63	0.45
G_6	0.47	0.45	0.43	0.43	0.43	0.31
G_7	0.23	0.23	0.22	0.22	0.23	0.18
G_8	0.34	0.33	0.32	0.31	0.31	0.22
G_9	0.41	0.39	0.38	0.37	0.36	0.25
G_{10}	0.36	0.35	0.33	0.33	0.32	0.21
G_{11}	0.33	0.32	0.30	0.30	0.29	0.19
G_{12}	0.28	0.26	0.25	0.25	0.23	0.15
G_{13}	0.31	0.30	0.28	0.28	0.25	0.16
G_{14}	0.27	0.25	0.24	0.23	0.21	0.13
G_{15}	0.36	0.33	0.31	0.30	0.26	0.14

图 2.12～图 2.17 给出了大坝校核洪水位(工况 1),大坝设计、厂房校核洪水位(工况 2),厂房设计水位(工况 3),护岸设计水位(工况 4),常遇洪水水位(工况 5),死水位(工况 6)六种工况下大坝坝基渗流场渗流梯度分布图。从表 2.6 和图 2.12～图 2.17 可知,坝踵 F_1部位的渗流梯度是各分析关键部位中的最大值部位,随着库水位及上下游水位差的减小,该部位的渗流梯度也在不断减小,在大坝校核洪水位(工况 1),大坝设计、厂房校核洪水位(工况 2),厂房设计水位(工况 3),护岸设计水位(工况 4),常遇洪水水位(工况 5),死水位(工况 6)六种工况下的渗流梯度分别为 7.69、7.43、7.19、7.13、7.12、5.28。F_2部位的渗流梯度较 F_1部位大大减小,在上述六种工况下的渗流梯度分别为 0.99、0.95、0.92、0.91、0.89、0.64。对各关键部位进行比较可知,F_5部位的渗流梯度最小,在六种工况下的渗流梯度分别为 0.30、0.29、0.30、0.30、0.35、0.32。部位 F_{13}的渗流梯度也随着上下游水位的减小而不断减小,在六种工况下的渗流梯度分别为 1.25、1.18、1.10、1.07、0.93、0.54。

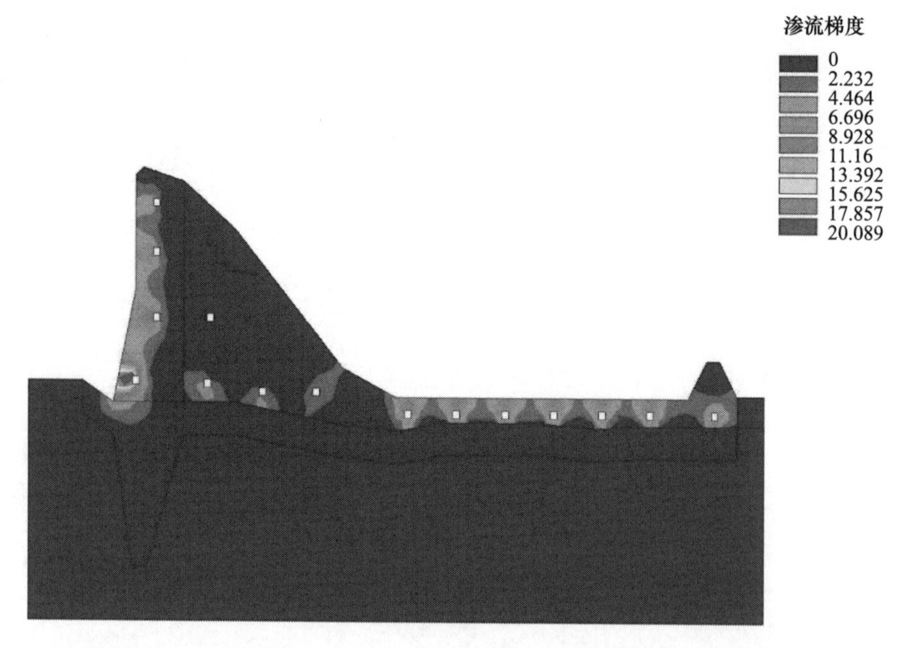

图 2.12　大坝校核洪水位(工况 1)大坝坝基渗流场渗流梯度分布图

从表 2.7 和图 2.12～图 2.17 可知，在灌浆区域，上游 G_1 部位和 G_2 部位的渗流梯度较大，G_1、G_2 部位的渗流梯度为灌浆关键部位中的最大值部位。与坝基面一样，随库水位及上下游水位差减小，各部位渗流梯度也不断减小。

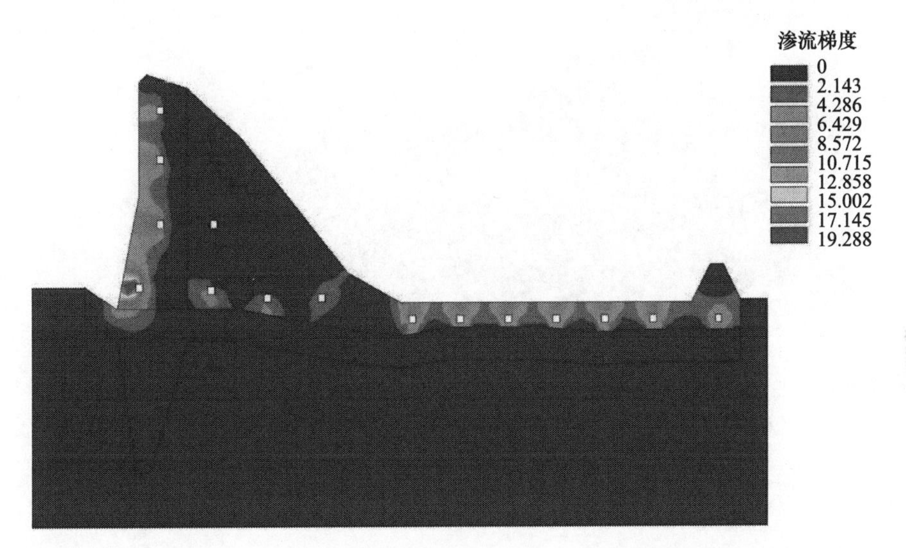

图 2.13　大坝设计、厂房校核洪水位(工况 2)大坝坝基渗流场渗流梯度分布图

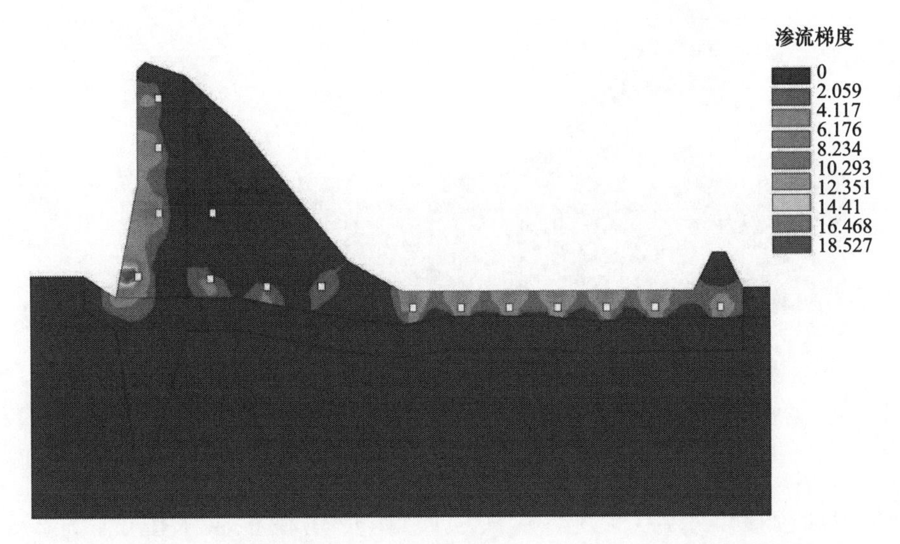

图 2.14　厂房设计水位(工况 3)大坝坝基渗流场渗流梯度分布图

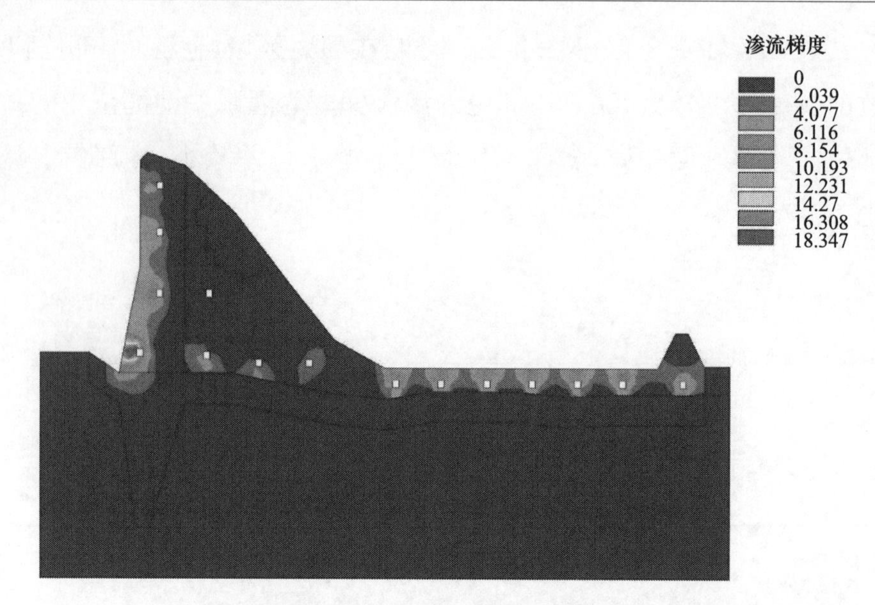

图 2.15 护岸设计水位(工况 4)大坝坝基渗流场渗流梯度分布图

图 2.16 常遇洪水水位(工况 5)大坝坝基渗流场渗流梯度分布图

大坝校核洪水位(工况 1),大坝设计、厂房校核洪水位(工况 2),厂房设计水位(工况 3),护岸设计水位(工况 4),常遇洪水水位(工况 5),死水位(工况6)六种工况下，G_1部位的渗流梯度分别为1.16、1.12、1.07、1.07、1.07、0.76，G_2部位的渗流梯度分别为1.22、1.17、1.13、1.12、1.12、0.79。

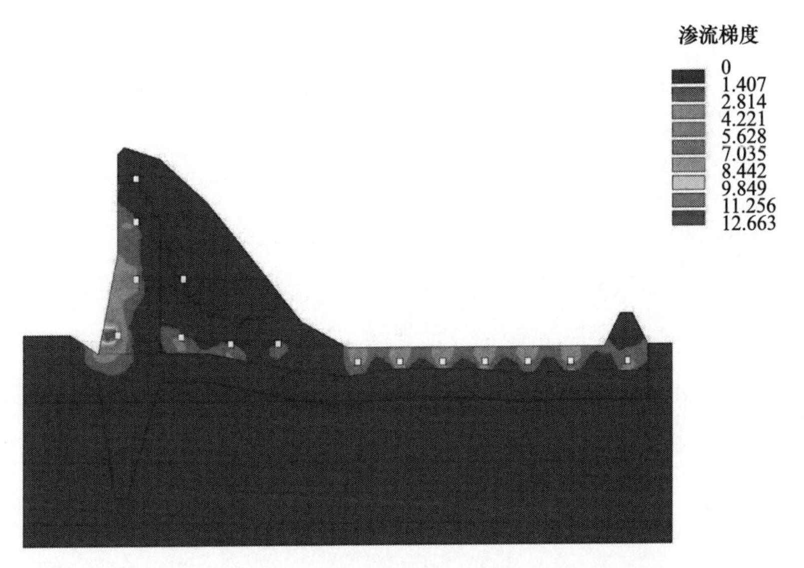

图2.17　死水位(工况6)大坝坝基渗流场渗流梯度分布图

在六种工况下，G_7部位渗流梯度最小，分别为0.23、0.23、0.22、0.22、0.23、0.18。随着库水位及上下游水位差的减小，渗流梯度也在不断减小。

2.3　本章小结

本章分析了大坝校核洪水位(工况1)，大坝设计、厂房校核洪水位(工况2)，厂房设计水位(工况3)，护岸设计水位(工况4)，常遇洪水水位(工况5)和死水位(工况6)六种工况下的大坝坝基渗流场水头分布、排水廊道渗流量和坝体坝基渗流梯度。得到以下主要结论：

(1) 结合安康大坝地质资料，建立复杂地质体三维仿真有限元模型，为分析和评价各渗流要素和防渗结构之间的相互关系提供了较为合理的计算模型。

(2) 对于渗流场方面,各点的水头基本上随库水位减小而减小,从 F_1 到 F_7 水头渐渐减小,从 F_9 到 F_{13} 水头逐渐增大。对多个关键部位进行比较可知,最大水头位于坝踵 F_1 部位,而 F_8、F_9 部位的水头最小。六种工况下,F_1 部位的水头分别为 110.10m、106.10m、102.30m、101.40m、101.00m 和 73.00m,F_9 部位的水头分别为 14.67m、13.92m、13.11m、12.89m、11.71m、7.27m。灌浆帷幕前的关键部位水头在 80~90m,灌浆帷幕后的关键部位 G_3~G_{15} 水头减小明显,范围在 20~30m。

(3) 对于排水廊道的渗流量,随着上下游水头差的减小,排水廊道的渗流量不断减小,排水廊道 D_{15} 的渗流量最小,排水廊道 D_4 的渗流量最大。排水廊道 D_9~D_{15} 比较,从排水廊道 D_9 到排水廊道 D_{15} 渗流量越来越小。对于排水廊道 D_4,六种工况下渗流量分别为 $5.50\times10^{-3}cm^3/s$、$5.28\times10^{-3}cm^3/s$、$5.07\times10^{-3}cm^3/s$、$5.02\times10^{-3}cm^3/s$、$4.99\times10^{-3}cm^3/s$、$3.44\times10^{-3}cm^3/s$。

(4) 对于渗流场渗流梯度方面,分析关键部位中的最大值部位为坝踵 F_1 部位,随着库水位及上下游水位差的减小,该部位渗流梯度也不断减小,六种工况下渗流梯度分别为 7.69、7.43、7.19、7.13、7.12、5.28。F_2 部位渗流梯度较 F_1 部位大大减小,六种工况下渗流梯度分别为 0.99、0.95、0.92、0.91、0.89、0.64。F_5 部位的渗流梯度最小,六种工况下渗流梯度分别为 0.30、0.29、0.30、0.30、0.35、0.32。

第3章　渗流系数时序模型及复杂渗流场变化规律研究

3.1　复杂渗流场变化过程

在特定水文地质条件和环境量的作用下，大坝及岩基将产生复杂的渗流场。反映复杂渗流场的主要效应量是大坝的坝基扬压力、绕坝渗流和渗流量等，而这些效应量主要受基岩特性、筑坝材料及渗控措施（如防渗帷幕或防渗体、排水孔）等因素影响。本章针对复杂渗流场的影响因素进行分析，并论述复杂渗流场的变化过程。

3.1.1　坝基扬压力影响因素分析

坝基扬压力是在一定的坝基防渗条件下，由于上下游水头差而产生的一种地下渗流现象，其影响因素包括上下游水位和坝基防渗排水条件等。位于岸坡的坝基扬压力还会受到地下水位、大气降雨等因素的影响。

1. 上下游水位

坝基扬压力随着上下游水位的涨落而升降，当库水位呈现周期性变化时，坝基扬压力过程线一般也呈周期性变化。对于水头较高的大坝，当上游水位变化幅度较下游水位变化幅度大时，扬压力主要受上游水位影响，越靠近上游一侧的测点受上游水位变化影响越明显，靠近下游一侧的测点除受上游水位影响外，还受到下游水位变化的影响。

2. 坝基防渗排水条件

根据坝基地质条件，一般采用防渗帷幕和排水等措施，以降低坝基扬压力和渗流量，由此对渗流场的影响也较为复杂。

3.1.2 渗流量影响因素分析

大坝的渗漏通常包括以下几部分：①从上游坝面渗入坝体经坝体排水管排出的渗漏；②经过基岩与坝体接触面，以及透过基岩并绕过或穿过帷幕渗漏，再经坝基排水孔涌出的水；③沿着防渗处理不佳的横缝、水平浇筑缝及与上游坝面串通的裂隙入渗，并从廊道或下游坝面渗出的渗漏；④绕过坝底防渗、排水设施，从基岩排向下游的渗漏；⑤绕过两端由岸坡岩体渗向下游的渗漏。

扬压力和渗流量都是渗透现象的反映，因此，影响扬压力的各种因素也是影响渗流量的因素，渗流量大小是复杂渗流场在内外因素共同作用下的表现，内在因素是指大坝防渗排水措施，外在因素则是指大坝上下游水位、降雨量、温度等。这些因素对坝基扬压力与坝基渗流量的影响既有区别也有联系，具体表现为：

(1) 外在因素对渗流量的影响与扬压力一致，如上游水位升高时，渗流量增大；温升时裂隙开度减小，渗流量减小；降雨对绕坝渗流所产生的漏水也有一定影响。

(2) 坝基平均渗透系数越小，渗流量也越小。

(3) 一方面，防渗措施(防渗帷幕、齿墙等)使渗透系数变小，而且增加了渗透路径，使得渗流量显著减小；另一方面，防渗措施改变了沿渗透路径上渗透系数的相对比值，可减小帷幕后的坝基扬压力。

(4) 排水措施可排走坝基渗水，进而有效降低扬压力。

3.1.3 复杂渗流场变化过程

3.1.2 节对渗流场影响因素进行分析时，认为其不随时间变化，即渗流场是稳定的。但实际上，无论是上下游水位，还是大坝防渗排水结构，都存在随着时间而逐渐变化的过程，这使得渗流场的变化过程更为复杂。也可以说，时间因素是影响渗流场变化的又一重要因素，它是判断复杂渗流场趋势性变化的主要依据。下面分别从上下游水位、大坝防渗排水结构等论述复杂渗流场的变化过程。

1. 上下游水位

坝基扬压力、渗流量等渗流要素与上下游水头差有密切关系。大坝运行过程中水位是不断变化的，坝基扬压力、渗流量等渗流要素也是随着时间逐渐变化的。由于上下游水位变化的不一致性，坝基扬压力、渗流量与上下游水头差之间呈非线性关系，尤其是当库水位迅速升高或者下降时，因此，坝基扬压力、渗流量等渗流要素表现出一定的滞后性。

2. 大坝防渗排水结构

随着运行时间的推移，大坝防渗帷幕可能逐渐溶蚀、老化等，使得帷幕防渗效果降低。一方面，坝基扬压力大小与帷幕渗透系数有关，当帷幕渗透系数减小时，帷幕前渗压系数增大，而帷幕后渗压系数则减小。另一方面，帷幕的深浅和位置对坝基扬压力也有明显影响。防渗帷幕的存在增加了渗透路径，坝基渗流量与防渗帷幕渗透系数有关，帷幕渗透系数越小，坝基渗流量越小。如果大坝防渗结构随时间发生变化，则大坝渗流场也是一个随时间逐渐变化的过程。

3. 排水措施

当排水孔间距密、孔径大时，可有效排走坝基渗流量，排水幕渗压系数较小，排水降压效果较好。坝基排水系统在大坝运行过程中可能被渗水溶出的沉积物质、孔壁塌碎落物、孔口落入物体等淤堵，造成排水降压作用降低，渗压系数加大，扬压力升高或失真，从而引起渗流场的变化。

综上所述，造成复杂渗流场变化过程的因素包括内因和外因两个方面。内因是指大坝内部防渗排水结构，其中防渗帷幕主要起到减少坝基渗流量的作用，同时也降低坝基扬压力；而排水设施的主要作用是排走坝基渗水，以降低坝基扬压力，防渗排水结构是随时间逐渐变化的，由此造成的渗流场变化过程是比较复杂的。外因就是大坝运行环境如上下游水位等是逐渐变化的，必然会造成大坝渗流场的变化。在内外因素共同作用下，大坝渗流场表现为随时间逐渐变化的一个过程。从工程安全角度考虑，内在因素的变化对大坝渗流场安全起着决定性的作用，而外在因素的变化则为复杂渗流场的形成和变化创造了条件。为此，本章首先从原型实测资料出发，分析复杂渗流场坝基扬压力和渗流量的变化规律；然后，借助反分析方法，建立反映复杂渗流场内在因素变化的渗透系数时序模型，进而反馈分析复杂渗流场的变化规律。

3.2　基于原型实测资料的变化规律分析

原型实测资料是复杂渗流场在内外因素共同作用下的宏观反映，实测资料的变化直接客观地反映了复杂渗流场的变化规律。

3.2.1　分量变化规律

在建立坝基扬压力监控模型时，一般需要考虑上下游水位、降雨、温度以及时效等因素的影响，由此可以获得反映各部分影响的水压分量、降雨分量、温度分量和时效分量。坝基扬压力在随时间变化的过程中，其分量也是一个随时间逐渐变化的过程。因此，通过考虑分量变化规律，可以进一步细化对复杂渗流场变化规律的分析。

1. 水压分量

水压分量反映了库水位变化对坝基扬压力的影响，是坝基扬压力的重要组成部分。坝基扬压力随着库水位的涨落而升降,主要受上游水位的影响,越靠近上游侧的测点受上游水位变化的影响越明显。由于库水位影响的滞后效应,坝基扬压力的变化滞后于库水位的变化,滞后时间的大小与测点位置有关。此外,坝基扬压力变化幅度较库水位变化幅度小,越靠下游扬压力变化幅度越小。

2. 降雨分量

降雨分量反映了大气降雨对坝基扬压力的影响。由于降雨的作用,会引起坝基扬压力的升高。一般而言,岸坡坝段坝基扬压力受降雨影响的程度要比河床坝段大。

3. 温度分量

温度分量反映了基岩温度对坝基扬压力的影响。由于基岩温度一般呈周期性变化,所以坝基扬压力温度分量也呈周期性变化。温度变化对坝基扬压力的影响一般表现为,升温时扬压力减小,降温时扬压力增大。

4. 时效分量

时效分量反映了防渗排水措施发生变化时对渗流场的影响,从整体上反映了坝基扬压力随时间变化的趋势,也在一定程度上刻画了复杂渗流场的变化过程。因此,时效分量变化规律是判别坝基扬压力变化规律的主要依据之一。

如果时效分量逐渐趋于稳定或呈收敛趋势,则表明大坝渗流场条件逐渐得到改善,渗流场逐渐趋于稳定,有利于大坝渗流场的安全;如果时效分量呈发散趋势,即时效分量逐渐增大且不收敛,则表明大坝渗流场条件正在恶化,大坝渗流场处于非稳定状态,不利于大坝渗流安全,应及时采取有效措施进行控制。

3.2.2 渗流量变化规律

混凝土坝的坝体和坝基都存在不同的渗漏，长期漏水会造成混凝土溶蚀，削弱坝的强度、影响坝的寿命，严重时还可能造成机械管涌而破坏大坝地基。突然出现的大量漏水往往是大坝破裂、错位的先兆，因此分析和研究渗流量变化规律，对了解大坝的渗流场和防渗结构、排水措施的工作性态，及时发现隐患并采取处理措施，具有重要意义。

1. 年均值变化规律

在各年环境量变化不大的情况下，年均值变化规律比较客观地反映了渗流量随时间的变化过程。对测值年均值系列，绘制过程线，根据测值变化规律，选择合适的表达式进行拟合，如用指数函数拟合时，年均值变化规律为

$$Q = C_0 + a\mathrm{e}^{bt} \tag{3.1}$$

由式(3.1)可知，当 $ab>0$ 时，渗流量逐年增加；当 $ab<0$ 时，则渗流量逐年减小。当 $b>0$ 时，渗流量呈加速增加或减小的趋势；当 $b<0$ 时，则渗流量逐渐趋于稳定。

2. 基流变化规律

渗流基流是大坝渗流场的基本效应，主要来源于水压分量和时效分量，其中水压分量反映了上下游水位变化对渗流量的影响，而时效分量则反映了大坝防渗排水措施发生变化时所产生的时间效应。因此，基流变化规律反映了渗流量随时间的变化规律。

(1) 对水压分量而言，不同水位、不同部位所产生的基流效应是不一样的。当入渗通道位于坝体上部时，高水位时淹没，低水位时暴露于大气中，坝体漏水受到干湿交替的影响，表现为水位上升期渗流量比水位下降期渗流量大。这是由于水位上升前混凝土裂隙长期干燥，因干缩

开裂缝隙较宽，故水位上升后渗流量较大，但经过一段时间后，混凝土产生饱和湿胀，缝隙变窄，因而渗流量减小。

(2) 时效分量变化规律反映了防渗排水措施发生变化时对渗流量的影响。随着时间的推移，有的排水管渗流量可能变小，甚至不漏，有的则明显加大，渗漏面和廊道内渗漏部位也会因时间而改变。利用监控模型，计算不同时段的地基渗流时效分量，如果时效分量趋于收敛，则说明大坝渗流场趋于稳定，否则大坝渗流场处于非稳定状态，不利于大坝渗流场安全，应及时采取有效措施进行控制。

3.3　渗流场数学模型

大坝安全监控的数学模型可以用来描述效应量和环境量之间的相关关系、对将来的实测值进行估计和预测、对实测数据的精度及有效性进行检验等，但从安全监控的角度来看，其主要目的是了解建筑物的安全状况随时间的变化过程，即将不可恢复的或演进性的现象和水位变化、温度变化引起的可恢复现象分辨出来。对复杂渗流场而言，这种不可恢复的变化过程就是渗透系数随时间的变化过程。

渗流场变化规律是渗流场随时间的变化规律，它对评价大坝渗流场的性态以及整个大坝的安全状况具有重要的指导意义。所用的方法是利用大坝在不同运行阶段所表现出来的渗流场状态，反演大坝防渗结构在同时刻所具有的渗透系数，建立复杂渗流场渗透系数时序模型，以此对复杂渗流场变化规律进行研究。

3.3.1　渗透系数时序模型

1. 基本原理

确定 $k=f(t)$ 的基本原理是采用反分析方法，结合不同时段渗流原型实测资料反演不同时刻的渗透系数。这里采用的反分析方法是基于人工神经网络的渗透系数分区反演方法,首先对样本数据进行网络学习,然后利用实测数据进行网络回响,以求得 $k=f(t)$的神经网络表达。

2. 时序模型

通过渗流有限元分析计算不同渗透系数和水位组合下大坝渗流场的状态,以获得用于神经网络学习的样本。为了用神经网络来表达 k 随时间 t 的关系式,应将大坝渗流场状态 Q 和外部环境 H 作为网络输入,k 视为相应的期望输出,由此建立的渗透系数时序模型如图 3.1 所示。这里所考虑的外部环境 H 包括上下游水位(H_1、H_2)的影响,防渗结构是指关键部位的渗透系数 k,而大坝渗流场状态 Q 则包括实测水头 h 和渗流量 q 两部分。

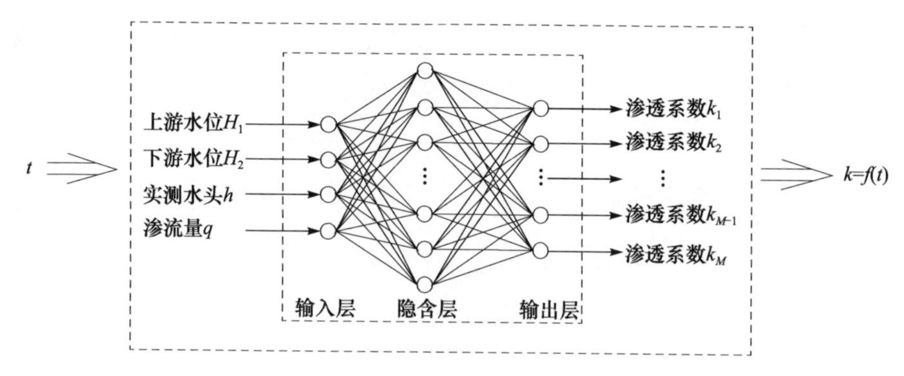

图 3.1　基于神经网络的渗透系数时序模型

3. 模型仿真

通过样本学习获得渗透系数时序模型后,只需将上下游水位、实测水头和渗流量供时序模型进行仿真回响,便可以得到大坝关键部位在任意时刻的渗透系数。大坝渗流场实测性态是水位、气温、降雨、时效等因素引起的综合结果,其中气温呈年周期性变化,而基岩温度变化并非十分明显,气温对大坝渗流场的影响较小;降雨作用可能会引起水头或者渗流量呈现明显峰值现象，但这种现象在降雨结束后则逐渐消失，对大坝渗流场不会产生较大影响。影响大坝渗流场基本效应的主要因素是库水位和大坝进行时间，这就是大坝渗流场的基流效应。因此，在用实测数据进行模型回响时，首先运用数学监控模型分离相应的水压分量、温度分量、降雨分量和时效分量，并考虑水压分量和时效分量，推导出大坝渗流场的基流为

$$Q_{\mathrm{b}} = Q_{\mathrm{H}} + Q_{\theta} \tag{3.2}$$

式中，Q_{b} 为基流；Q_{H} 为水压分量；Q_{θ} 为时效分量。

4. 具体步骤

综上所述，应用时序模型研究复杂渗流场渗透系数变化规律的具体步骤如下。

1）学习样本及其规格化处理

利用三维渗流有限元，计算不同渗透系数 k 和不同水位 H 组合下，大坝渗流场状态 Q，以获得足够的学习样本。关于 k 的选取，可以先估计大坝各部位渗透系数的范围，然后在这个范围内按一定的间距实行等间距划分，由此便可以获得一定数量的样本数据。

在获取学习样本后，还需对其进行规格化处理，这是因为神经元特性函数为 Gmoid 函数，具有中间高增益、两端低增益的特性，也就是其对中间数据的敏感性远高于两端数据，当数据在远离 0 的区域里学习时，学习收敛速度很慢。

2）模型训练学习

采用神经网络学习方法对样本数据进行训练学习，当学习收敛结束以后，此时的神经网络权值隐式表达了 k 随 Q 变化的关系。

3）基流效应计算

利用原型实测数据建立数学监控模型，分离相应的水压分量、温度分量、降雨分量和时效分量，并按式(3.2)计算大坝渗流场的基流。

4）模型仿真回响

将 Q、H 代入时序模型进行仿真回响，由此求得渗透系数随时间的变化规律。

3.3.2 复杂渗流场变化规律

1. 渗透系数变化规律

根据时序模型求得 $k=f(t)$ 后，可对渗透系数变化规律进行研究。根据时效分量常见的三种变化规律，把渗透系数变化规律也分为三种，即渗透系数逐渐趋于稳定、渗透系数保持恒定速率增长和渗透系数以不断增大的速率发展。

1）渗透系数逐渐趋于稳定

这种变化规律对应大坝渗流场时效分量逐渐趋于稳定，是一种比较理想的状况，对大坝安全有利，大坝渗流场处于正常状态。

2）渗透系数保持恒定速率增长

这种变化规律对应大坝渗流场时效分量以相同的速率持续增长，表明大坝存在危及安全的隐患，对大坝的安全较为不利，大坝渗流场处于异常状态。

3）渗透系数以不断增大的速率发展

大坝渗流场时效分量持续增长，并在变化过程中伴有突然增大的现象，这是对大坝安全最为不利的情况，表明大坝的隐患已发生恶化，并在继续向恶化的方向发展，大坝渗流场处于险情状态。

2. 渗流场时变过程

在特定地质条件和环境量作用下，大坝及岩基将产生复杂的渗流场。环境量是随时间连续变化的随机过程，大坝及岩基渗流场也将在环境量的反复作用下表现出一些随时间变化的规律和特征。可以根据

$k=f(t)$反馈分析复杂渗流场的时变过程。

产生复杂渗流场时变的可能因素包括:新的工程措施、坝前淤积、基岩裂隙随着渗透压力的作用而产生的缓慢变形、防渗体(如防渗帷幕、防渗墙等)老化导致防渗性能的变化、坝基排水孔失效,以及新的渗漏通道产生、设计施工质量等。坝前淤积将改变原来的渗漏通道,增加渗透路径,有利于提高大坝的防渗性能,渗流效应量将呈现出逐步减小的趋势;而防渗体及帷幕的失效则有可能削弱防渗结构的防渗性能,在坝体及岩体内产生新的渗流通道,且增加了渗流通道的连通性,渗流效应量将呈现出逐渐增加的趋势;基岩裂隙随渗透压力所产生的变化实际上是应力场和渗流场复合作用的结果,基岩裂隙变形随渗透压力的变化对整个渗流场的影响是相当复杂的。

3.4 渗流场时序模型变化规律研究

下面结合安康大坝对其复杂渗流场变化规律进行研究,对坝基渗流量变化规律进行分析,然后结合实测资料反演了 13# 坝段防渗帷幕渗透系数的变化规律,最后反馈分析了 13# 坝段渗流场的时变过程。

安康大坝自投入运行以来,大坝的综合防渗能力在不断调整和改变。下面以 13# 坝段为例,对防渗帷幕渗透系数的变化规律进行研究。

1. 有限元模型

沿流水方向取坝踵上游约 150m 到坝后混凝土下游约 80m 的范围,竖直方向上,上边界取为大坝和地面的上边界,而下边界取为坝基向下约 1.5 倍坝高,三维有限元模型中总局含有单元 488109、节点 688868,其中,大坝坝体单元厂房坝段有限元模型单元 19997,灌浆体区域单元 46384,坝基结构面单元 110229,坝基岩体单元 468112。各部分的三维有限元分析网格如图 3.2 所示。

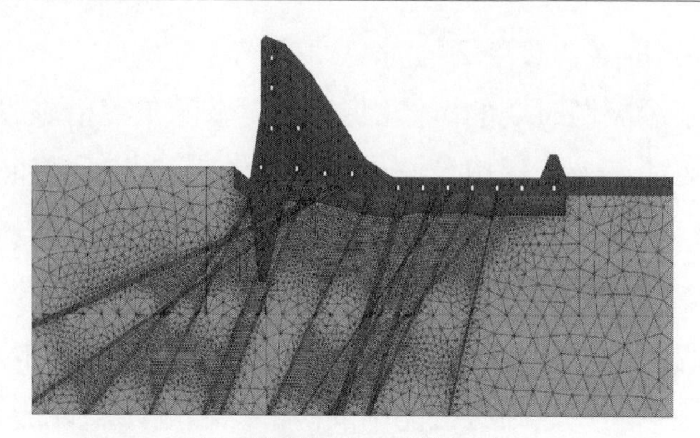

(a) 三维整体有限元网格图(正视)

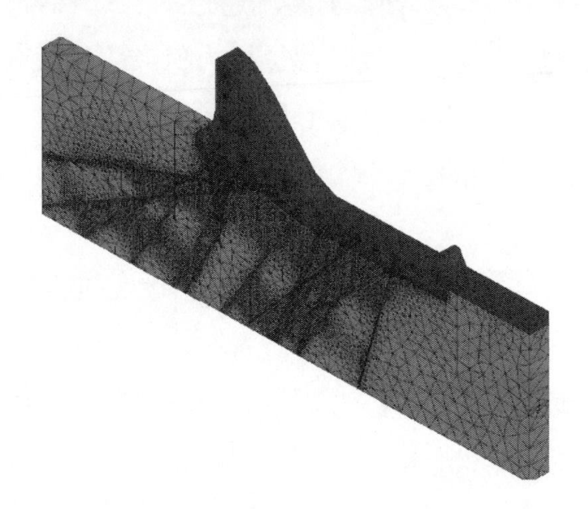

(b) 三维整体有限元网格图(等轴视)

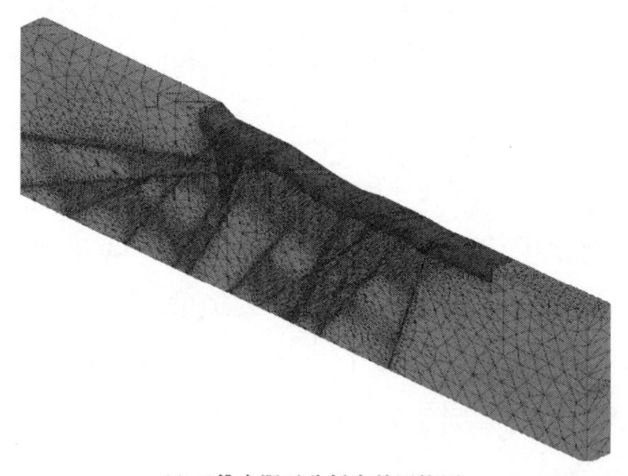

(c) 三维有限元分析岩基网格图

(d) 三维有限元分析岩基结构体网格图

(e) 三维有限元分析坝体网格图

(f) 三维有限元分析灌浆网格图

图 3.2　整体与各部分三维有限元网格图

2. 学习样本

安康大坝下游水位一般在 240～243m 变化，变化幅度较小，故在进行有限元计算时，取下游水位为 240m。

为了获得学习样本，这里主要考虑了上游库水位与帷幕渗透系数的不同组合情况。分别计算上游库水位为 305m、310m、315m、320m、325m、330m 的六种工况。根据设计资料，帷幕渗透系数为 10^{-6}cm/s 量级，故在计算时帷幕渗透系数分别取 1.0×10^{-8}cm/s、1.0×10^{-7}cm/s、2.5×10^{-7}cm/s、5.0×10^{-7}cm/s、7.5×10^{-7}cm/s、1.0×10^{-6}cm/s、2.5×10^{-6}cm/s、5.0×10^{-6}cm/s、7.5×10^{-6}cm/s、1.0×10^{-5}cm/s、2.5×10^{-5}cm/s、5.0×10^{-5}cm/s、7.5×10^{-5}cm/s、1.0×10^{-4}cm/s14 种情况。由此，一共获得了 84 个学习样本。

3. 模型学习

13# 坝段坝基渗流量实测资料中，1989～2010 年实测资料序列较全。因此，模型输入上游库水位、渗流量实测值，输出为防渗帷幕渗透系数 1 个节点。以均方误差(MSE)作为衡量学习效果的评价标准，其学习收敛过程如表 3.1 和图 3.3 所示。

表 3.1　学习收敛进度

迭代次数	MSE/10^{-6}
0	158437
25	88.3542
54	43.5843
68	29.5378
90	7.3694
102	2.1684
119	0.9954

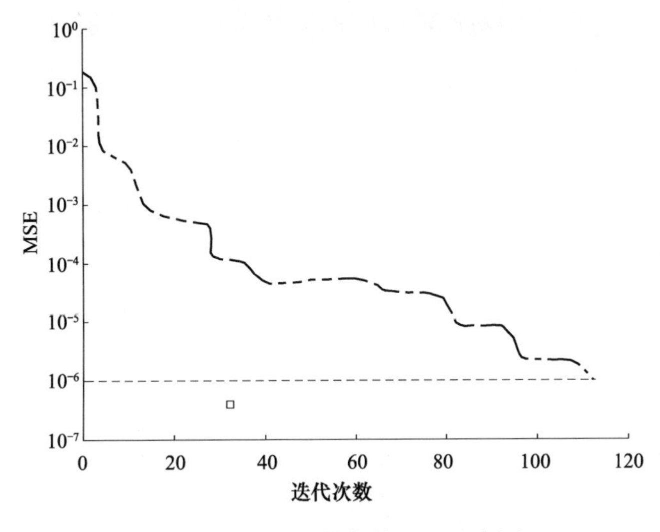

图 3.3　目标函数收敛过程示意图

从表 3.1 和图 3.3 可以看出，当学习到 25 次时，MSE 即可达到 10^{-4}精度，随后收敛速率有所变慢，迭代到 90 次时，精度不小于 10^{-5}，迭代到 119 次时，精度不小于 10^{-6}。模型精度完全可以满足工程要求。

4. 变化规律

将大坝渗流场的基流效应代入模型进行回响，可以反演出不同时刻的防渗帷幕渗透系数，计算成果见表 3.1。当收敛精度取 10^{-4}时，得到防渗帷幕渗透系数随时间的变化规律如图 3.4 所示。

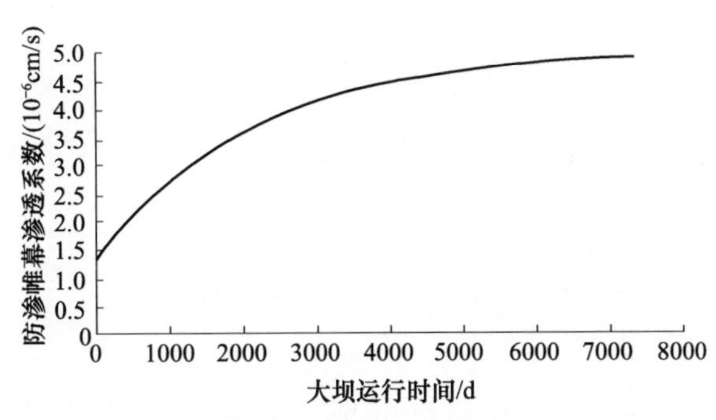

图 3.4　坝段防渗帷幕渗透系数变化过程

从图 3.4 可知，防渗帷幕渗透系数在运行 5500 天之前有逐渐增大的趋势，说明帷幕可能存在受损、老化等因素，之后变化趋于平缓。

采用指数衰减函数拟合为

$$k=[1.282+2.702\times(1-e^{-0.00046t})]\times10^{-6} \tag{3.3}$$

防渗帷幕渗透系数范围为 $3.0\times10^{-6}\sim5.0\times10^{-6}$ cm/s，变动较小。这说明防渗帷幕的防渗效果是比较明显的。

3.5 本章小结

本章分析了安康大坝复杂渗流场变化过程，基于实测资料对复杂渗流场变化规律进行分析，建立了渗透系数时序模型，由此反馈分析了复杂渗流场的时变过程。得到以下主要结论：

(1) 造成安康大坝渗流场变化过程的因素包括内因和外因两个方面。内因就是大坝内部防渗排水结构是随时间逐渐变化的，外因是大坝运行环境如上下游水位等是逐渐变化的。其中，防渗帷幕主要起到减少坝基渗流量的作用，对降低坝基扬压力也有作用；而排水设施的主要作用是排走坝基渗水，以降低坝基扬压力。在内外因素的共同作用下，坝基渗流场表现为随时间逐渐变化的一个过程。内在因素的变化对大坝渗流安全起着决定性的作用，外在因素的变化则为复杂渗流场的形成和变化创造了条件。

(2) 论证了安康大坝渗流要素随渗透系数和库水位变化的关系表达式，建立了能够隐式反映复杂渗流场变化规律的时序模型，当学习到 25 次时，MSE 精度即可达到 10^{-4}，随后收敛速度有所变慢，迭代到 90 次时，精度不小于 10^{-5}，迭代到 119 次时，精度不小于 10^{-6}。采用指数衰减函数拟合时，防渗帷幕渗透系数基本在 $3.0\times10^{-6}\sim5.0\times10^{-6}$ cm/s，变动较小，防渗帷幕的防渗效果是比较明显的。计算结果表明，该模型用来分析防渗帷幕渗透系数变化规律是合理可行的，并具有较高的精度。

(3) 防渗帷幕渗透系数在5500天之前有逐渐增大的趋势,说明防渗帷幕可能存在受损、老化等因素,之后变化趋于平缓。防渗帷幕渗透系数变化规律反映了复杂渗流场中不可恢复的或演进性的现象,是造成渗流场变化过程的根本原因,在大坝安全评价和运行管理中具有重要作用。因此,通过实测资料来推求复杂渗流场变化规律对大坝安全管理具有实际意义。

第 4 章 混凝土坝渗流场转异特性分析

大坝渗流场除了与上下游水位有关外，还与防渗帷幕、排水孔等防渗排水设施的工作性态密切相关，诸如防渗帷幕是否老化甚至被击穿，排水孔是否失效等。为此，本章借助有限元数值分析方法，通过改变防渗帷幕的渗透系数来模拟安康大坝 13# 坝段防渗帷幕渗流场的变化规律，进而分析复杂渗流场的转异特征。

4.1 渗流场转异特征分析

4.1.1 计算工况及参数

安康大坝下游水位一般在 240～243m 变化，变化幅度较小，故在进行有限元计算时，取下游水位为 240m。分别计算上游库水位为 305m、310m、315m、320m、325m、330m 的六种工况。计算区域内材料包括坝体混凝土、坝基岩体、防渗帷幕等三种材料，各种材料渗透系数的参考取值如表 4.1 所示。

表 4.1 坝段分析采用的材料渗透系数

$k'=k_3/k_2$	坝体混凝土 k_1/(cm/s)	坝基岩体 k_2/(cm/s)	防渗帷幕 k_3/(cm/s)
1			1.0×10^{-4}
0.75			7.5×10^{-5}
0.5			5.0×10^{-5}
0.25	1.0×10^{-8}	1.0×10^{-4}	2.5×10^{-5}
0.1			1.0×10^{-5}
0.075			7.5×10^{-6}
0.05			5.0×10^{-6}

续表

$k'=k_3/k_2$	坝体混凝土 k_1/(cm/s)	坝基岩体 k_2/(cm/s)	防渗帷幕 k_3/(cm/s)
0.025			2.5×10^{-6}
0.01			1.0×10^{-6}
0.0075			7.5×10^{-7}
0.005	1.0×10^{-8}	1.0×10^{-4}	5.0×10^{-7}
0.0025			2.5×10^{-7}
0.001			1.0×10^{-7}
0.0001			1.0×10^{-8}

表 4.2 统计了不同水位、防渗帷幕相对渗透系数 k' 情况下坝基单宽扬压力 p、幕后扬压力折减系数 a、坝基渗流量 q_1、坝体渗流量 q_2 的计算结果。图 4.1～图 4.4 为单宽扬压力 p、幕后扬压力折减系数 a、坝基渗流量 q_1、坝体渗流量 q_2 随着渗透系数比变化的规律。

表 4.2　不同水位、防渗帷幕相对渗透系数的渗流场计算结果

H/m	$k'=k_3/k_2$	p/MPa	a	q_1/(cm^3/s)	q_2/(cm^3/s)
	0.0001	0.1992	0.2001	0.0739	2.0261
	0.001	0.2023	0.2057	0.2096	2.0084
	0.0025	0.2074	0.2147	0.3959	2.0051
	0.005	0.2168	0.2317	0.6281	2.0338
	0.01	0.2341	0.2636	1.2708	2.1295
305	0.025	0.2733	0.338	3.4233	2.2743
	0.05	0.3144	0.4183	5.0591	2.1639
	0.1	0.3586	0.5081	7.2657	2.2169
	0.25	0.409	0.6145	9.8699	1.8879
	0.5	0.4334	0.6684	11.172	1.7408
	1	0.4477	0.6997	11.847	1.6421
	0.0001	0.1936	0.1898	0.0785	3.1065
	0.001	0.1972	0.1965	0.2873	3.1327
	0.0025	0.2035	0.2078	0.4445	3.2054
310	0.005	0.213	0.225	0.8613	3.2792
	0.01	0.2298	0.2557	1.6311	3.3381
	0.025	0.2673	0.3263	3.8767	3.2496
	0.05	0.3067	0.4032	5.7272	3.2508

续表

H/m	$k'=k_3/k_2$	p/MPa	a	q_1/(cm^3/s)	q_2/(cm^3/s)
310	0.1	0.3504	0.4927	8.218	3.0048
	0.25	0.3978	0.5965	11.136	2.6493
	0.5	0.4214	0.6492	12.587	2.4479
	1	0.435	0.6805	13.344	2.3165
315	0.0001	0.1872	0.1802	0.116	4.449
	0.001	0.1916	0.1876	0.3302	4.4543
	0.0025	0.1981	0.1991	0.6153	4.4824
	0.005	0.2087	0.2179	0.9532	4.4829
	0.01	0.2267	0.2505	1.9705	4.4223
	0.025	0.2662	0.3242	3.9999	4.4701
	0.05	0.3089	0.409	6.392	4.2407
	0.1	0.3558	0.5084	9.1479	3.8824
	0.25	0.4077	0.6254	12.364	3.4241
	0.5	0.433	0.6852	13.975	3.169
	1	0.4478	0.7197	14.811	3.0084
320	0.0001	0.1807	0.1701	0.1344	5.6083
	0.001	0.1849	0.1772	0.3826	5.5911
	0.0025	0.1915	0.1887	0.7134	5.5723
	0.005	0.2017	0.2067	1.2328	5.5246
	0.01	0.219	0.2377	2.1701	5.6361
	0.025	0.2584	0.3118	4.4211	5.4805
	0.05	0.3013	0.3982	7.0411	5.1268
	0.1	0.348	0.4983	10.059	4.6815
	0.25	0.3992	0.6154	13.586	4.1245
	0.5	0.4243	0.6752	15.35	3.8246
	1	0.4391	0.7102	16.267	3.6353
325	0.0001	0.1744	0.1599	0.1707	6.9881
	0.001	0.1786	0.1672	0.4365	7.0065
	0.0025	0.1852	0.1786	0.8084	7.1016
	0.005	0.1955	0.1965	1.2972	7.1308
	0.01	0.2135	0.2288	2.326	7.0383
	0.025	0.256	0.3092	4.8295	6.693
	0.05	0.3013	0.4018	7.6798	6.2467
	0.1	0.3504	0.5093	10.962	5.6841

续表

H/m	$k'=k_3/k_2$	p/MPa	a	q_1/(cm³/s)	q_2/(cm³/s)
325	0.25	0.4045	0.6363	14.799	5.0624
	0.5	0.4312	0.702	16.718	4.753
	1	0.4465	0.74	17.724	4.5568
330	0.0001	0.1678	0.15	0.2571	8.2259
	0.001	0.1719	0.157	0.4952	8.2104
	0.0025	0.1786	0.1683	0.8692	8.1955
	0.005	0.1888	0.1862	1.377	8.1419
	0.01	0.2074	0.2195	2.4862	8.0036
	0.025	0.2499	0.3005	5.1515	7.6142
	0.05	0.2948	0.3929	8.1872	7.1686
	0.1	0.3434	0.5	11.685	6.6332
	0.25	0.3969	0.6266	15.77	6.0184
	0.5	0.4234	0.6922	17.813	5.6948
	1	0.4386	0.7298	18.884	5.4945

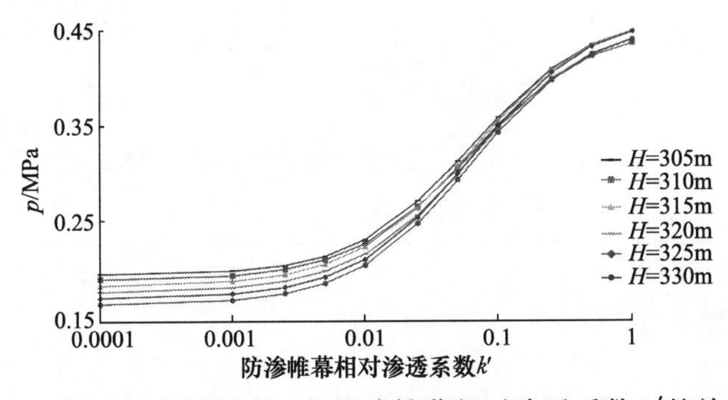

图4.1　坝基单宽扬压力 p 与防渗帷幕相对渗透系数 k' 的关系图

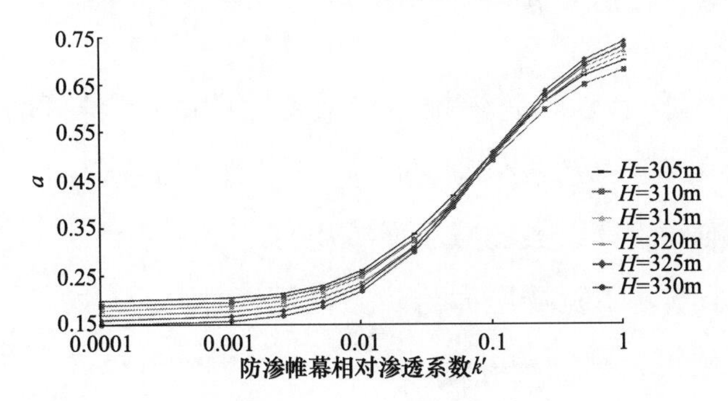

图4.2　幕后扬压力折减系数 a 与防渗帷幕相对渗透系数 k' 的关系图

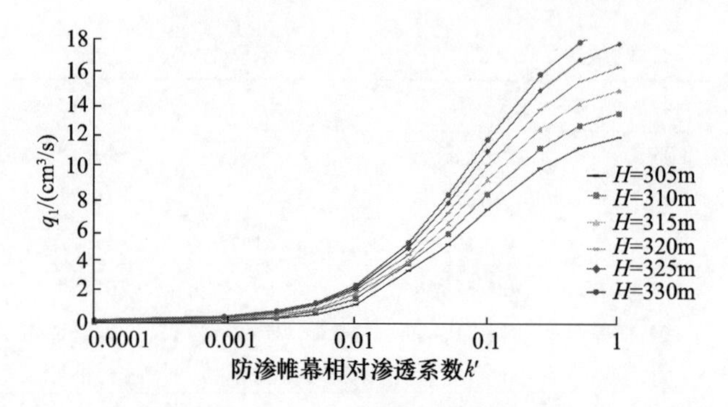

图 4.3　坝基渗流量 q_1 与防渗帷幕相对渗透系数 k' 的关系图

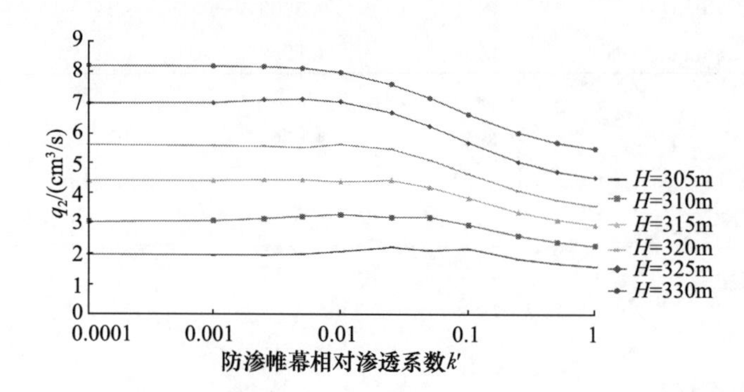

图 4.4　坝体渗流量 q_2 与防渗帷幕相对渗透系数 k' 的关系图

4.1.2　模拟结果分析

1. 坝基单宽扬压力 p

从图 4.1 可知，随着防渗帷幕渗透系数的减小，帷幕前渗压系数增大，而帷幕后渗压系数减小，坝基单宽扬压力在 0.15～0.45MPa 变化，且随着防渗帷幕渗透系数的减小而减小。

为了寻求坝基单宽扬压力与防渗帷幕相对渗透系数之间的关系，将 k' 作对数变换，可以得到

$$x = \ln k' \tag{4.1}$$

单宽扬压力拟合公式为

$$p=\sum_{i=1}^{n}a_i x^i \tag{4.2}$$

式中，p 为单宽扬压力；$a_i(i=0,1,2,\cdots,n)$ 为拟合系数；n 为多项式阶数，一般取 3 或 4。

经比较，当 $n=4$ 时，拟合效果较好，此时结果为

$$p=a_0+a_1x+a_2x^2+a_3x^3+a_4x^4 \tag{4.3}$$

$$\frac{\mathrm{d}p}{\mathrm{d}x}=a_1+2a_2x+3a_3x^2+4a_4x^3 \tag{4.4}$$

$$\frac{\mathrm{d}^2p}{\mathrm{d}x^2}=2a_2+6a_3x+12a_4x^2 \tag{4.5}$$

$$\frac{\mathrm{d}^3p}{\mathrm{d}x^3}=6a_3+24a_4x \tag{4.6}$$

令$\frac{\mathrm{d}^2p}{\mathrm{d}x^2}=0$，可以得到

$$\begin{cases}x_1=\dfrac{-3a_3+\sqrt{(3a_3)^2-24a_4a_2}}{12a_4}\\[2ex] x_2=\dfrac{-3a_3-\sqrt{(3a_3)^2-24a_4a_2}}{12a_4}\end{cases} \tag{4.7}$$

令$\frac{\mathrm{d}^3p}{\mathrm{d}x^3}=0$，可以得到

$$x_{\mathrm{m}}=-\frac{a_3}{4a_4} \tag{4.8}$$

$$\begin{cases}u_1=\exp\left[\dfrac{-3a_3+\sqrt{(3a_3)^2-24a_4a_2}}{12a_4}\right]\\[2ex] u_2=\exp\left[\dfrac{-3a_3-\sqrt{(3a_3)^2-24a_4a_2}}{12a_4}\right]\end{cases} \tag{4.9}$$

$$u_{\mathrm{m}}=\exp(x_{\mathrm{m}})=\exp\left(-\frac{a_3}{4a_4}\right) \tag{4.10}$$

多项式计算结果如表 4.3 所示。

表 4.3 多项式计算结果

H/m	u_1	u_2	u_m
305	0.00059	0.0823	0.00691
310	0.00058	0.0813	0.00685
315	0.00057	0.0823	0.00690
320	0.00059	0.0822	0.00691
325	0.00058	0.0821	0.00687
330	0.00059	0.0814	0.00688

当 $k'=u_m$ 时，$\frac{d^2p}{dx^2}$达到最大值，此即为帷幕最佳相对渗透系数；当 $k'=u_2$ 时，$\frac{d^2p}{dx^2}=0$ 且 $\frac{dp}{dx}$ 达到最大值，此即为防渗帷幕发生转异时的相对渗透系数。

因此，可将防渗帷幕对坝基单宽扬压力的影响分为三个阶段：

(1) 防渗帷幕强壮阶段。防渗帷幕相对渗透系数小于防渗帷幕最佳相对渗透系数，即 $k'<u_m$。此阶段坝基单宽扬压力 $p<0.22$MPa，坝基单宽扬压力对防渗帷幕渗透系数的变化反应迟钝，防渗帷幕渗透系数的降低并不能显著降低坝基单宽扬压力。

(2) 防渗帷幕有效阶段。防渗帷幕相对渗透系数介于防渗帷幕最佳渗透系数和转异渗透系数之间，此阶段坝基单宽扬压力 $0.22\text{MPa}\leqslant p\leqslant 0.35\text{MPa}$，坝基单宽扬压力对帷幕渗透系数变化反应灵敏，防渗帷幕渗透系数的降低可以有效降低坝基单宽扬压力。

(3) 防渗帷幕失效阶段。防渗帷幕相对渗透系数大于或等于转异渗透系数，此阶段坝基单宽扬压力 $p>0.35$MPa，由于防渗帷幕失效，坝基单宽扬压力对防渗帷幕渗透系数的变化不十分灵敏，但坝基单宽扬压力随着防渗帷幕渗透系数的增大有逐渐增大的趋势，坝基单宽扬压力维持在一个较高的水平，对大坝渗流场安全极为不利。从表 4.3 可知，对控制坝基单宽扬压力而言，防渗帷幕最佳相对渗透系数为 0.00685～0.00691，防渗帷幕发生转异时的相对渗透系数为 0.0813～0.0823。

2. 幕后扬压力折减系数 a

从图 4.2 可以看出，幕后扬压力折减系数基本在 0.20～0.70 变化，且随着防渗帷幕渗透系数的减小而减小。将 k' 作对数变换，多项式计算结果如表 4.4 所示。

表 4.4　多项式计算结果

H/m	u_1	u_2	u_m
305	0.00061	0.0903	0.00743
310	0.00064	0.0930	0.00755
315	0.00065	0.0967	0.00785
320	0.00062	0.0964	0.00791
325	0.00066	0.0980	0.00802
330	0.00066	0.0947	0.00797

因此，可将防渗帷幕对幕后扬压力折减系数的影响分为三个阶段：

(1) 防渗帷幕强壮阶段。防渗帷幕相对渗透系数小于防渗帷幕最佳相对渗透系数，即 $k'<u_m$。此阶段幕后扬压力折减系数 $a<0.25$，a 对防渗帷幕渗透系数的变化反应迟钝，防渗帷幕渗透系数的降低并不能显著降低幕后扬压力折减系数。

(2) 防渗帷幕有效阶段。防渗帷幕相对渗透系数介于最佳渗透系数和转异渗透系数之间，此阶段幕后扬压力折减系数 $0.25\leqslant a\leqslant 0.50$，$a$ 对防渗帷幕渗透系数的变化反应灵敏，防渗帷幕渗透系数的降低可以有效降低幕后扬压力折减系数。

(3) 防渗帷幕失效阶段。防渗帷幕相对渗透系数大于或等于转异渗透系数，由于防渗帷幕失效，此阶段幕后扬压力折减系数 $a>0.50$，超过设计值。a 对防渗帷幕渗透系数的变化不灵敏，但幕后扬压力折减系数随着防渗帷幕渗透系数的增大有逐渐增大的趋势，a 维持在一个较高的水平，对大坝渗流场安全极为不利。

对控制幕后扬压力折减系数而言，防渗帷幕最佳相对渗透系数为

0.00743～0.00802，防渗帷幕发生转异时的相对渗透系数为 0.0903～0.0980。

3. 坝基渗流量 q_1

从图 4.3 可以看出，坝基渗流量在 0～18cm^3/s 变化，且随着帷幕渗透系数的减小而减小。将 k' 作对数变换，多项式拟合结果如表 4.5 所示。

表 4.5 多项式计算结果

H/m	u_1	u_2	u_m
305	0.00062	0.0911	0.00778
310	0.00066	0.0925	0.00756
315	0.00065	0.0935	0.00784
320	0.00066	0.0946	0.00787
325	0.00067	0.0953	0.00789
330	0.00066	0.0933	0.00790

同理，可将防渗帷幕对幕后扬压力折减系数的影响分为三个阶段：

(1) 防渗帷幕强壮阶段。防渗帷幕相对渗透系数小于防渗帷幕最佳相对渗透系数，即 $k'<u_m$。此阶段坝基渗流量 $q_1<2.0$cm^3/s，q_1对帷幕渗透系数的变化反应迟钝，帷幕渗透系数的降低并不能显著降坝基渗流量。

(2) 防渗帷幕有效阶段。防渗帷幕相对渗透系数介于防渗帷幕最佳渗透系数和转异渗透系数之间，此阶段坝基渗流量 2.0cm^3/s$\leqslant q_1\leqslant$10.0cm^3/s，q_1对帷幕渗透系数变化反应灵敏，帷幕渗透系数的降低可以有效降低坝基渗流量。

(3) 防渗帷幕失效阶段。防渗帷幕相对渗透系数大于或等于转异渗透系数，由于防渗帷幕失效，此阶段坝基渗流量 $q_1>10.0$cm^3/s，超过设计值。q_1对防渗帷幕渗透系数的变化不十分灵敏，但坝基渗流量随着防渗帷幕渗透系数的增大有逐渐增大的趋势，q_1维持在一个较高的水平，对大坝渗流场安全极为不利。

对控制坝基渗流量而言，防渗帷幕最佳相对渗透系数为0.00756～0.00790，帷幕发生异时的相对渗透为0.0911～0.0953。

4.2　渗流场转异时效分析

从4.1节可知，为了对复杂渗流场转异特征进行识别，要计算复杂渗流场的时效分量及其对时间的导数。传统的时效计算方法虽然能够反映复杂渗流场的整体变化趋势，但却不能具体反映出复杂渗流场究竟在何时发生转异。

当时效模式取为

$$Q_\theta = c_0 + c_1 t + c_2 t^2 + c_3 t^3 \tag{4.11}$$

时效分量在时间轴上存在唯一拐点，由此反映出其随时间的变化规律及转异特性为

$$\frac{\mathrm{d}\theta}{\mathrm{d}t} = c_1 + 2c_2 t + 3c_3 t^2 \tag{4.12}$$

$$\frac{\mathrm{d}^2\theta}{\mathrm{d}t^2} = 2c_2 + 6c_3 t \tag{4.13}$$

则可以求出拐点为

$$t_a = -\frac{c_2}{3c_3} \tag{4.14}$$

由实测资料可知，安康大坝渗流场时效分量的表达式为

$$Q_\theta = 5.9875\times10^{-3}t - 2.4299\times10^{-6}t^2 + 3.2057\times10^{-10}t^3 \tag{4.15}$$

$$t_a = -\frac{c_2}{3c_3} = 2526 \tag{4.16}$$

该大坝渗流场量的转异点发生在运行2526天之后，此后渗流量有逐渐增大的趋势。

4.3 本章小结

本章首先对防渗帷幕老化及排水失效机理进行了研究；然后，通过有限元数值分析方法研究了复杂渗流场中防渗帷幕以及排水孔的转异特征，利用时效和监控指标、监控模型等判别方法对复杂渗流场进行转异识别；最后应用回归分析法对转异时效进行计算，并通过实例加以验证。得到以下主要结论：

(1) 针对防渗帷幕老化表现为初期变化比较剧烈，而后渐趋稳定的特性，利用衰减微分方程来描述防渗帷幕老化的过程，并引入防渗帷幕相对渗透系数来反映防渗帷幕部分老化的情况。

(2) 防渗帷幕渗透系数对大坝渗流场场的影响大致可分为三个阶段：

① 防渗帷幕强壮阶段。防渗帷幕相对渗透系数为 0.0001～0.00756，渗流要素对渗透系数的变化反应迟钝，此阶段防渗帷幕渗透系数的降低并不能显著增加防渗效果。

② 防渗帷幕有效阶段。防渗帷幕相对渗透系数为 0.00756～0.0911，渗流要素对渗透系数的变化反应灵敏且基本上保持为常数，此阶段防渗帷幕渗透系数的降低能够显著增加防渗效果。

③ 防渗帷幕失效阶段。此阶段防渗帷幕相对渗透系数大于或等于 0.0911，由于防渗帷幕失效，渗流要素对防渗帷幕的变化反应并不灵敏，但其保持在一个较高的水平，对大坝渗流场安全极为不利。

分析结果表明，防渗帷幕最佳相对渗透系数约为 0.00756，而防渗帷幕发生转异时的相对渗透系数约为 0.0911。

(3) 复杂渗流场转异特征的判别通常有三种途径：一是通过渗流时效所反映的渗流变化趋势进行判别；二是根据监控指标进行判别；三是借助监控模型进行判别。根据三次多项式存在唯一拐点的性质，利用多项式来模拟复杂渗流场时效分量，可以研究复杂渗流场随时间的转异特征。

第5章　混凝土坝坝基防渗帷幕渗流特性分析

5.1　分析模型与研究方案

本章对表2.2中的厂房设计水位工况进行分析，选择坝基不同防渗帷幕灌浆效果下的渗透系数，分析渗流场特征，特别是渗流量的变化规律。分析方案共计22个，如表5.1所示。

表5.1　不同防渗帷幕灌浆效果分析方案

方案	防渗帷幕渗透系数/(cm/s)	方案	防渗帷幕渗透系数/(cm/s)
GZ_{11}	8.818182×10^{-7}	G_1	1.940000×10^{-5}
GZ_{10}	9.700000×10^{-7}	G_2	3.880000×10^{-5}
GZ_9	1.077778×10^{-6}	G_3	7.760000×10^{-5}
GZ_8	1.212500×10^{-6}	G_4	1.164000×10^{-4}
GZ_7	1.385714×10^{-6}	G_5	1.552000×10^{-4}
GZ_6	1.616667×10^{-6}	G_6	1.940000×10^{-4}
GZ_5	1.940000×10^{-6}	G_7	2.328000×10^{-4}
GZ_4	2.425000×10^{-6}	G_8	2.716000×10^{-4}
GZ_3	3.233333×10^{-6}	G_9	3.104000×10^{-4}
GZ_2	4.850000×10^{-6}	G_{10}	3.492000×10^{-4}
GZ_1	9.700000×10^{-6}	G_{11}	3.880000×10^{-4}

5.2　坝体坝基渗流特征分析

5.2.1　坝体坝基渗流场分析

表5.2给出了分析坝段各方案下坝基面特征部位水头，表5.3给出

了分析坝段各方案下灌浆区底部特征部位水头。为了便于分析，本节仅给出方案 GZ_{11}、GZ_7、GZ_3、G_3、G_7、G_{11}的大坝坝基渗流场水头分布图，如图 5.1～图 5.6 所示。

表 5.2　分析坝段各方案下坝基面特征部位水头

方案	水头/m												
	F_1	F_2	F_3	F_4	F_5	F_6	F_7	F_8	F_9	F_{10}	F_{11}	F_{12}	F_{13}
GZ_{11}	102.3	30.7	22.6	22.1	25.0	19.5	14.0	13.2	13.1	14.9	15.0	20.9	28.2
GZ_{10}	102.3	37.9	28.6	25.9	25.9	20.6	15.3	14.0	13.9	15.4	16.0	20.5	26.5
GZ_9	102.3	46.8	36.1	31.0	28.4	22.7	17.4	15.6	15.2	16.3	17.2	20.5	25.0
GZ_8	102.3	52.6	41.3	34.9	30.8	24.7	19.3	17.1	16.5	17.3	18.0	20.7	24.3
GZ_7	102.3	56.8	45.3	38.1	33.0	26.6	21.0	18.6	17.6	18.2	18.8	21.1	24.0
GZ_6	102.3	60.1	48.5	40.8	35.0	28.3	22.6	19.9	18.8	19.1	19.5	21.4	23.9
GZ_5	102.3	62.7	51.2	43.1	36.9	29.9	24.1	21.2	19.9	20.0	20.3	21.9	24.0
GZ_4	102.3	64.9	53.4	45.1	38.5	31.4	25.5	22.4	20.9	20.8	21.0	22.3	24.1
GZ_3	102.3	66.8	55.4	46.9	40.0	32.8	26.8	23.6	22.0	21.7	21.7	22.8	24.4
GZ_2	102.3	68.4	57.1	48.5	41.4	34.1	28.1	24.7	22.9	22.5	22.4	23.3	24.7
GZ_1	102.3	69.8	58.6	49.9	42.7	35.3	29.2	25.8	23.9	23.3	23.0	23.8	25.0
G_1	102.3	16.1	5.9	8.5	22.0	13.9	11.1	11.3	10.8	11.2	10.6	22.4	36.4
G_2	102.3	16.3	6.2	8.9	22.3	14.1	11.2	11.3	10.9	11.3	10.7	22.5	36.2
G_3	102.3	16.5	6.6	9.3	22.5	14.4	11.3	11.4	11.0	11.5	10.8	22.5	36.0
G_4	102.3	16.8	7.0	9.8	22.9	14.7	11.4	11.5	11.1	11.7	11.0	22.6	35.7
G_5	102.3	17.1	7.5	10.3	23.2	15.0	11.5	11.6	11.2	11.9	11.2	22.6	35.3
G_6	102.3	17.5	8.1	11.0	23.6	15.4	11.6	11.7	11.3	12.2	11.4	22.7	34.9
G_7	102.3	18.0	8.9	11.8	24.0	15.9	11.8	11.9	11.5	12.5	11.6	22.7	34.4
G_8	102.3	18.7	9.9	12.8	24.4	16.4	12.0	12.0	11.7	12.8	12.0	22.7	33.8
G_9	102.3	19.7	11.4	14.1	24.7	17.0	12.2	12.2	11.9	13.3	12.4	22.6	33.0
G_{10}	102.3	21.5	13.5	16.0	25.0	17.8	12.6	12.4	12.2	13.8	13.0	22.3	31.8
G_{11}	102.3	25.3	17.7	19.0	25.0	18.7	13.2	12.7	12.6	14.5	14.1	21.6	30.0

表 5.3　分析坝段各方案下灌浆区底部特征部位水头

方案	水头/m														
	G_1	G_2	G_3	G_4	G_5	G_6	G_7	G_8	G_9	G_{10}	G_{11}	G_{12}	G_{13}	$G1_4$	G_{15}
GZ_{11}	85.1	71.1	53.2	38.8	31.7	29.0	27.5	24.0	20.2	18.7	18.3	19.1	20.1	22.5	27.0
GZ_{10}	86.6	71.5	54.8	43.6	33.7	29.7	27.2	23.3	19.1	17.3	16.8	17.7	18.8	21.3	25.5
GZ_9	89.2	74.4	58.7	51.1	38.8	32.9	29.0	24.3	19.8	17.6	16.9	17.7	18.7	20.9	24.4

续表

方案	水头/m														
	G_1	G_2	G_3	G_4	G_5	G_6	G_7	G_8	G_9	G_{10}	G_{11}	G_{12}	G_{13}	Gl_4	G_{15}
GZ_8	90.9	77.0	62.2	56.2	43.1	36.0	31.1	25.9	21.2	18.6	17.7	18.2	19.1	21.0	23.9
GZ_7	92.0	79.0	65.1	60.1	46.5	38.7	33.2	27.6	22.6	19.8	18.7	19.0	19.7	21.3	23.8
GZ_6	92.9	80.7	67.6	63.1	49.4	41.1	35.0	29.2	24.1	21.0	19.7	19.7	20.2	21.7	23.8
GZ_5	93.5	82.1	69.7	65.6	51.9	43.2	36.8	30.7	25.4	22.2	20.7	20.5	20.9	22.1	23.9
GZ_4	94.0	83.2	71.5	67.6	54.0	45.1	38.4	32.1	26.7	23.3	21.6	21.3	21.5	22.5	24.1
GZ_3	94.4	84.2	73.1	69.4	55.8	46.7	39.8	33.4	28.0	24.4	22.6	22.1	22.2	23.0	24.4
GZ_2	94.7	85.1	74.5	70.8	57.4	48.3	41.2	34.7	29.2	25.5	23.5	22.9	22.8	23.5	24.7
GZ_1	95.0	85.8	75.7	72.2	58.9	49.6	42.4	35.9	30.3	26.5	24.4	23.7	23.5	24.0	25.1
G_1	89.2	84.8	66.8	54.9	54.0	52.8	51.3	49.1	46.9	45.5	44.2	43.2	42.2	41.4	40.2
G_2	89.1	84.5	66.2	53.9	53.0	51.8	50.3	48.1	45.8	44.5	43.2	42.3	41.4	40.8	39.7
G_3	88.9	84.1	65.5	52.8	51.8	50.7	49.2	46.9	44.7	43.3	42.1	41.3	40.4	40.0	39.2
G_4	88.7	83.6	64.6	51.5	50.5	49.3	47.9	45.6	43.4	42.0	40.9	40.2	39.4	39.1	38.7
G_5	88.5	83.1	63.7	50.1	49.0	47.8	46.4	44.1	41.8	40.5	39.4	38.8	38.2	38.1	38.0
G_6	88.2	82.4	62.6	48.5	47.2	46.1	44.7	42.4	40.1	38.8	37.8	37.3	36.8	36.9	37.2
G_7	87.8	81.6	61.4	46.6	45.2	44.0	42.7	40.4	38.0	36.7	35.8	35.4	35.1	35.4	36.3
G_8	87.4	80.5	59.9	44.4	42.8	41.6	40.3	37.9	35.4	34.2	33.3	33.2	33.0	33.7	35.1
G_9	86.8	79.0	58.1	41.9	39.9	38.6	37.4	35.0	32.3	31.1	30.4	30.4	30.5	31.5	33.7
G_{10}	86.0	76.8	56.0	39.2	36.4	35.0	33.9	31.3	28.4	27.2	26.5	26.9	27.2	28.7	31.8
G_{11}	85.1	73.2	53.7	37.3	32.6	30.8	29.6	26.6	23.3	22.0	21.5	22.1	22.8	24.9	29.1

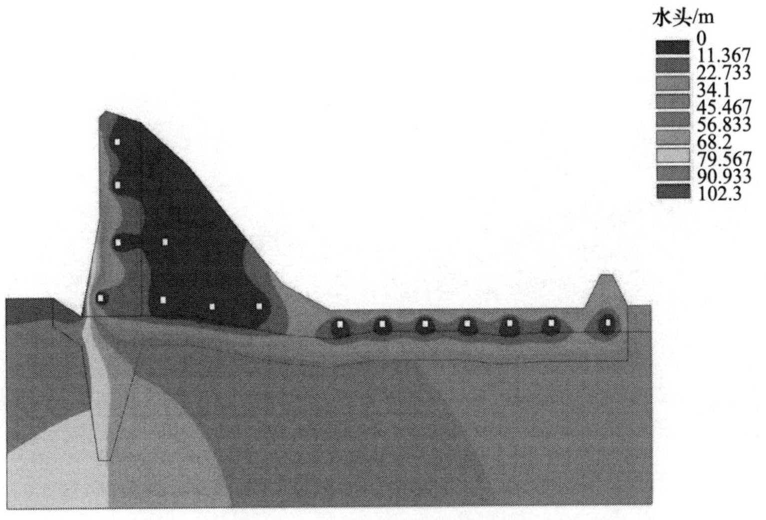

图 5.1　方案 GZ_{11}大坝坝基渗流场水头分布图

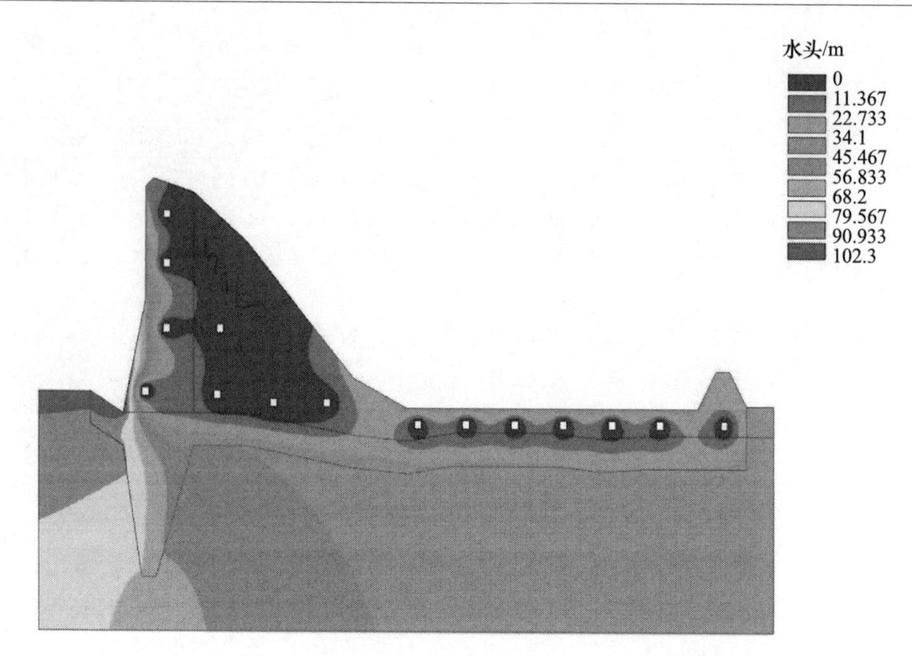

图 5.2　方案 GZ_7 大坝坝基渗流场水头分布图

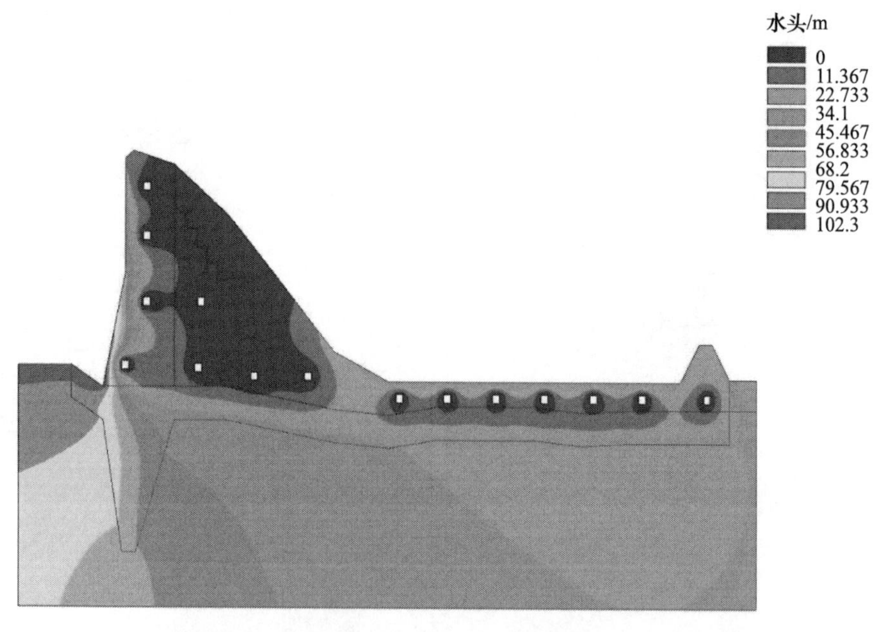

图 5.3　方案 GZ_3 大坝坝基渗流场水头分布图

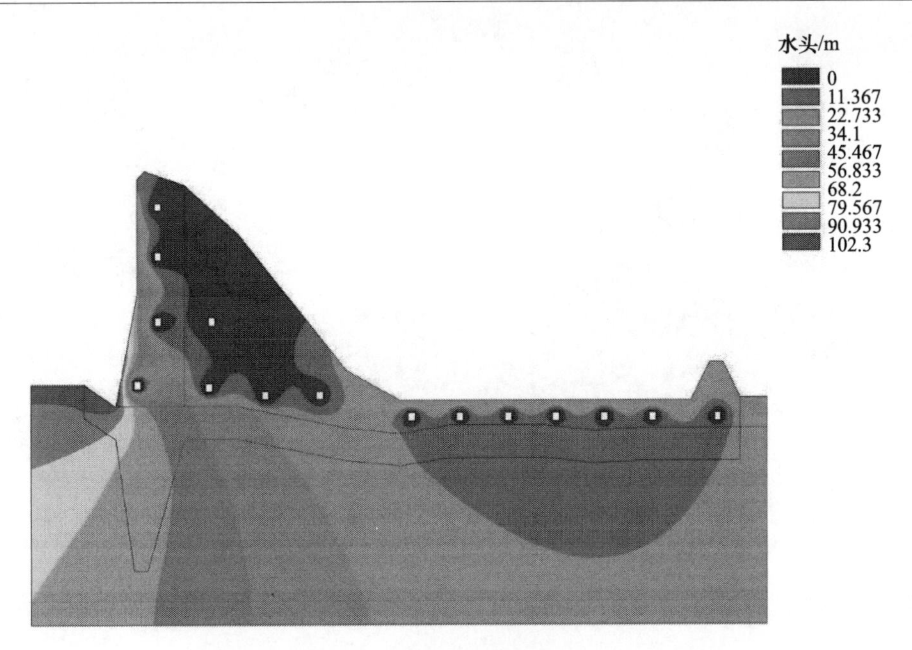

图 5.4　方案 G_3 大坝坝基渗流场水头分布图

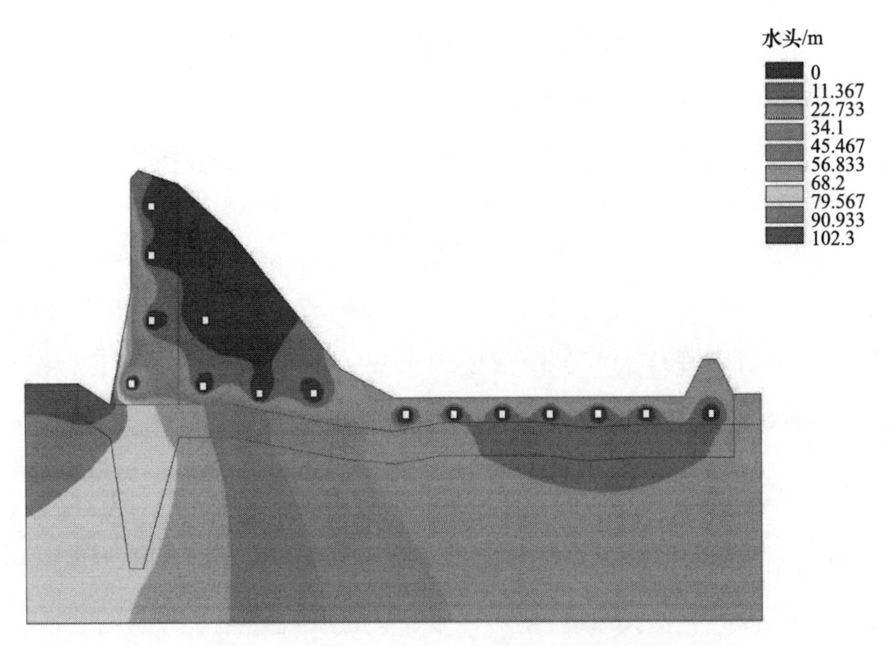

图 5.5　方案 G_7 大坝坝基渗流场水头分布图

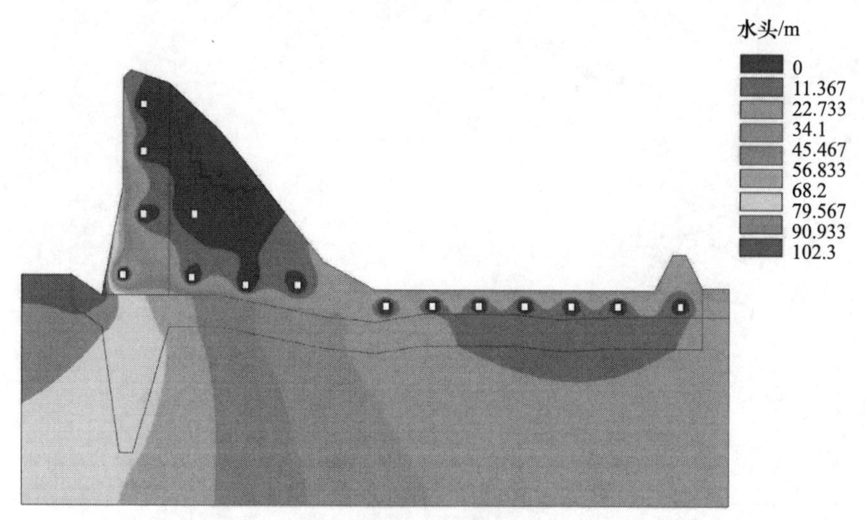

图 5.6 方案 G_{11} 大坝坝基渗流场水头分布图

对图 5.1～图 5.6 进行分析，可以看出 F_1 部位水头为随库水位减小而减小。对多个关键部位的水头进行比较可知，F_8、F_9 部位的水头最小，F_1～F_4 水头渐渐减小，F_9～F_{13} 水头逐渐增大(见图 2.5)。

不同灌浆效果情况下，不同部位的水头变形规律差异明显，F_1 部位的水头随灌浆效果变化并不明显，其他部位水头随灌浆效果变化也不明显，说明灌浆效果越好，坝基面各关键部位的水头越小，反之，水头越大。

分析灌浆区域下部关键部位的水头防渗帷幕渗透系数变化的关系，同坝基面关键部位的变化规律一致，灌浆效果越好，灌浆区域下部关键部位的水头越小；反之，则水头越大。各关键部位水头的变化量也有所区别，具体表现为防渗帷幕附近关键部位的水头随灌浆效果变化明显，如 G_1～G_9，而下游部分关键部位的水头随灌浆效果变化较小，如 G_{11}～G_{15}。

5.2.2 坝体坝基渗流量分析

表 5.4 给出了分析坝段各方案下排水廊道渗流量。从表 5.4 可以看出，对于分析各排水廊道，排水廊道 D_{15} 的渗流量最小，排水廊道 D_4 和 D_8 的渗流量较大。将排水廊道 D_9～D_{15} 做比较，从排水廊道 D_9 到排水廊道 D_{15} 渗流量越来越小。随灌浆效果由差变好，各排水廊道渗流量不断

表 5.4　分析坝段各方案下排水廊道渗流量

方案	渗流量/(cm^3/s)						
	D_1	D_2	D_3	D_4	D_5	D_6	D_7
GZ_{11}	1.25×10^{-3}	2.67×10^{-3}	2.59×10^{-3}	3.22×10^{-3}	1.24×10^{-4}	2.06×10^{-4}	1.23×10^{-4}
GZ_{10}	1.25×10^{-3}	2.67×10^{-3}	2.59×10^{-3}	3.22×10^{-3}	1.25×10^{-4}	2.09×10^{-4}	1.28×10^{-4}
GZ_9	1.25×10^{-3}	2.67×10^{-3}	2.59×10^{-3}	3.23×10^{-3}	1.25×10^{-4}	2.14×10^{-4}	1.33×10^{-4}
GZ_8	1.25×10^{-3}	2.67×10^{-3}	2.60×10^{-3}	3.23×10^{-3}	1.25×10^{-4}	2.19×10^{-4}	1.40×10^{-4}
GZ_7	1.25×10^{-3}	2.67×10^{-3}	2.60×10^{-3}	3.23×10^{-3}	1.26×10^{-4}	2.26×10^{-4}	1.47×10^{-4}
GZ_6	1.25×10^{-3}	2.67×10^{-3}	2.60×10^{-3}	3.23×10^{-3}	1.26×10^{-4}	2.33×10^{-4}	1.57×10^{-4}
GZ_5	1.25×10^{-3}	2.67×10^{-3}	2.60×10^{-3}	3.24×10^{-3}	1.28×10^{-4}	2.43×10^{-4}	1.69×10^{-4}
GZ_4	1.25×10^{-3}	2.67×10^{-3}	2.60×10^{-3}	3.24×10^{-3}	1.29×10^{-4}	2.56×10^{-4}	1.84×10^{-4}
GZ_3	1.25×10^{-3}	2.67×10^{-3}	2.60×10^{-3}	3.25×10^{-3}	1.30×10^{-4}	2.75×10^{-4}	2.05×10^{-4}
GZ_2	1.25×10^{-3}	2.67×10^{-3}	2.61×10^{-3}	3.26×10^{-3}	1.33×10^{-4}	3.04×10^{-4}	2.37×10^{-4}
GZ_1	1.25×10^{-3}	2.67×10^{-3}	2.62×10^{-3}	3.29×10^{-3}	1.38×10^{-4}	3.65×10^{-4}	2.97×10^{-4}
G_1	1.25×10^{-3}	2.67×10^{-3}	2.64×10^{-3}	3.34×10^{-3}	1.47×10^{-4}	4.42×10^{-4}	3.66×10^{-4}
G_2	1.25×10^{-3}	2.67×10^{-3}	2.67×10^{-3}	3.41×10^{-3}	1.55×10^{-4}	5.39×10^{-4}	4.48×10^{-4}
G_3	1.25×10^{-3}	2.67×10^{-3}	2.70×10^{-3}	3.49×10^{-3}	1.66×10^{-4}	6.58×10^{-4}	5.53×10^{-4}
G_4	1.25×10^{-3}	2.67×10^{-3}	2.72×10^{-3}	3.54×10^{-3}	1.74×10^{-4}	7.38×10^{-4}	6.28×10^{-4}
G_5	1.25×10^{-3}	2.67×10^{-3}	2.73×10^{-3}	3.57×10^{-3}	1.80×10^{-4}	7.96×10^{-4}	6.86×10^{-4}
G_6	1.25×10^{-3}	2.67×10^{-3}	2.74×10^{-3}	3.60×10^{-3}	1.84×10^{-4}	8.42×10^{-4}	7.34×10^{-4}
G_7	1.25×10^{-3}	2.67×10^{-3}	2.75×10^{-3}	3.62×10^{-3}	1.87×10^{-4}	8.80×10^{-4}	7.74×10^{-4}
G_8	1.25×10^{-3}	2.67×10^{-3}	2.76×10^{-3}	3.64×10^{-3}	1.90×10^{-4}	9.11×10^{-4}	8.08×10^{-4}
G_9	1.25×10^{-3}	2.67×10^{-3}	2.76×10^{-3}	3.65×10^{-3}	1.92×10^{-4}	9.38×10^{-4}	8.38×10^{-4}
G_{10}	1.25×10^{-3}	2.67×10^{-3}	2.77×10^{-3}	3.66×10^{-3}	1.94×10^{-4}	9.61×10^{-4}	8.64×10^{-4}
G_{11}	1.25×10^{-3}	2.67×10^{-3}	2.77×10^{-3}	3.68×10^{-3}	1.96×10^{-4}	9.82×10^{-4}	8.88×10^{-4}

续表

方案	渗流量/(cm³/s)							
	D_8	D_9	D_{10}	D_{11}	D_{12}	D_{13}	D_{14}	D_{15}
GZ_{11}	4.84×10^{-3}	6.78×10^{-4}	6.55×10^{-4}	6.57×10^{-4}	6.57×10^{-4}	6.71×10^{-4}	6.67×10^{-4}	5.59×10^{-4}
GZ_{10}	4.86×10^{-3}	6.81×10^{-4}	6.58×10^{-4}	6.59×10^{-4}	6.59×10^{-4}	6.73×10^{-4}	6.69×10^{-4}	5.61×10^{-4}
GZ_9	4.88×10^{-3}	6.84×10^{-4}	6.61×10^{-4}	6.62×10^{-4}	6.62×10^{-4}	6.76×10^{-4}	6.72×10^{-4}	5.64×10^{-4}
GZ_8	4.91×10^{-3}	6.88×10^{-4}	6.65×10^{-4}	6.66×10^{-4}	6.65×10^{-4}	6.79×10^{-4}	6.75×10^{-4}	5.67×10^{-4}
GZ_7	4.94×10^{-3}	6.92×10^{-4}	6.69×10^{-4}	6.70×10^{-4}	6.69×10^{-4}	6.82×10^{-4}	6.79×10^{-4}	5.70×10^{-4}
GZ_6	4.98×10^{-3}	6.97×10^{-4}	6.75×10^{-4}	6.75×10^{-4}	6.74×10^{-4}	6.86×10^{-4}	6.83×10^{-4}	5.75×10^{-4}
GZ_5	5.03×10^{-3}	7.02×10^{-4}	6.81×10^{-4}	6.81×10^{-4}	6.80×10^{-4}	6.91×10^{-4}	6.89×10^{-4}	5.80×10^{-4}
GZ_4	5.09×10^{-3}	7.09×10^{-4}	6.90×10^{-4}	6.89×10^{-4}	6.87×10^{-4}	6.97×10^{-4}	6.96×10^{-4}	5.88×10^{-4}
GZ_3	5.17×10^{-3}	7.18×10^{-4}	7.02×10^{-4}	7.00×10^{-4}	6.97×10^{-4}	7.05×10^{-4}	7.06×10^{-4}	5.99×10^{-4}
GZ_2	5.28×10^{-3}	7.28×10^{-4}	7.20×10^{-4}	7.16×10^{-4}	7.11×10^{-4}	7.15×10^{-4}	7.21×10^{-4}	6.17×10^{-4}
GZ_1	5.47×10^{-3}	7.43×10^{-4}	7.55×10^{-4}	7.45×10^{-4}	7.35×10^{-4}	7.29×10^{-4}	7.45×10^{-4}	6.50×10^{-4}
G_1	5.66×10^{-3}	7.56×10^{-4}	7.94×10^{-4}	7.77×10^{-4}	7.58×10^{-4}	7.40×10^{-4}	7.68×10^{-4}	6.80×10^{-4}
G_2	5.87×10^{-3}	7.74×10^{-4}	8.40×10^{-4}	8.13×10^{-4}	7.83×10^{-4}	7.52×10^{-4}	7.90×10^{-4}	7.01×10^{-4}
G_3	6.14×10^{-3}	8.06×10^{-4}	9.04×10^{-4}	8.64×10^{-4}	8.18×10^{-4}	7.69×10^{-4}	8.12×10^{-4}	7.15×10^{-4}
G_4	6.37×10^{-3}	8.36×10^{-4}	9.57×10^{-4}	9.07×10^{-4}	8.47×10^{-4}	7.84×10^{-4}	8.29×10^{-4}	7.21×10^{-4}
G_5	6.57×10^{-3}	8.64×10^{-4}	1.00×10^{-3}	9.47×10^{-4}	8.74×10^{-4}	7.98×10^{-4}	8.43×10^{-4}	7.27×10^{-4}
G_6	6.76×10^{-3}	8.89×10^{-4}	1.05×10^{-3}	9.84×10^{-4}	9.00×10^{-4}	8.12×10^{-4}	8.56×10^{-4}	7.34×10^{-4}
G_7	6.93×10^{-3}	9.13×10^{-4}	1.09×10^{-3}	1.02E-03	9.24×10^{-4}	8.26×10^{-4}	8.69×10^{-4}	7.41×10^{-4}
G_8	7.10×10^{-3}	9.35×10^{-4}	1.12×10^{-3}	1.05E-03	9.47×10^{-4}	8.39×10^{-4}	8.81×10^{-4}	7.49×10^{-4}
G_9	7.26×10^{-3}	9.56×10^{-4}	1.16×10^{-3}	1.08E-03	9.70×10^{-4}	8.52×10^{-4}	8.94×10^{-4}	7.57×10^{-4}
G_{10}	7.42×10^{-3}	9.75×10^{-4}	1.19×10^{-3}	1.11E-03	9.92×10^{-4}	8.65×10^{-4}	9.07×10^{-4}	7.66×10^{-4}
G_{11}	7.56×10^{-3}	9.94×10^{-4}	1.22×10^{-3}	1.14E-03	1.01×10^{-3}	8.77×10^{-4}	9.19×10^{-4}	7.76×10^{-4}

减小,但各排水廊道渗流量减小程度均不相同,有的减小明显,如排水廊道 D_8、D_4,有的减小很少,如排水廊道 D_5、排水廊道 D_{15}。从 D_8 和 D_4 的渗流量来看,好的灌浆效果将大大减小排水廊道的渗流量。

5.2.3　坝体坝基渗流梯度分析

表 5.5 给出了分析坝段各方案下坝基面特征部位渗流梯度,表 5.6 给出了分析坝段各方案下灌浆区底部特征部位渗流梯度。本节给出方案 GZ_1、GZ_7、GZ_3、G_3、G_7、G_{11} 的大坝坝基渗流场渗流梯度图,如图 5.7～图 5.12 所示。

表 5.5　分析坝段各方案下坝基面特征部位渗流梯度

方案	渗流梯度												
	F_1	F_2	F_3	F_4	F_5	F_6	F_7	F_8	F_9	F_{10}	F_{11}	F_{12}	F_{13}
GZ_{11}	7.186	0.915	1.401	1.143	0.297	1.174	1.030	0.925	0.776	0.780	0.772	0.469	1.096
GZ_{10}	6.715	1.026	1.557	1.182	0.260	1.085	0.706	0.585	0.458	0.667	0.617	0.490	1.019
GZ_9	5.839	1.223	1.840	1.345	0.349	1.134	0.542	0.391	0.302	0.682	0.615	0.500	1.015
GZ_8	5.185	1.366	2.058	1.497	0.442	1.235	0.559	0.371	0.315	0.743	0.666	0.492	1.021
GZ_7	4.690	1.474	2.230	1.628	0.523	1.342	0.637	0.419	0.380	0.811	0.723	0.476	1.019
GZ_6	4.302	1.560	2.371	1.739	0.592	1.447	0.735	0.493	0.461	0.880	0.780	0.456	1.008
GZ_5	3.989	1.631	2.490	1.836	0.653	1.545	0.838	0.578	0.546	0.950	0.839	0.433	0.992
GZ_4	3.730	1.691	2.591	1.921	0.707	1.639	0.942	0.664	0.631	1.019	0.898	0.408	0.970
GZ_3	3.511	1.742	2.678	1.996	0.755	1.726	1.042	0.750	0.716	1.087	0.957	0.381	0.944
GZ_2	3.324	1.786	2.756	2.063	0.799	1.809	1.140	0.835	0.798	1.154	1.017	0.354	0.915
GZ_1	3.161	1.826	2.824	2.124	0.839	1.887	1.233	0.917	0.878	1.220	1.076	0.325	0.883
G_1	7.057	1.617	1.997	2.147	1.538	2.478	2.577	2.715	2.576	2.169	2.160	0.907	2.511
G_2	7.067	1.582	1.963	2.104	1.492	2.440	2.556	2.688	2.547	2.135	2.135	0.890	2.466
G_3	7.078	1.541	1.925	2.055	1.440	2.396	2.531	2.655	2.513	2.095	2.106	0.871	2.416
G_4	7.091	1.496	1.882	2.000	1.381	2.345	2.501	2.615	2.472	2.049	2.071	0.849	2.357
G_5	7.106	1.443	1.833	1.936	1.312	2.286	2.464	2.567	2.421	1.994	2.028	0.824	2.288
G_6	7.125	1.383	1.777	1.863	1.233	2.216	2.415	2.505	2.357	1.928	1.974	0.794	2.206
G_7	7.149	1.313	1.712	1.776	1.139	2.131	2.351	2.425	2.274	1.844	1.904	0.758	2.107
G_8	7.179	1.230	1.636	1.674	1.027	2.024	2.261	2.314	2.159	1.737	1.810	0.714	1.982
G_9	7.219	1.133	1.549	1.550	0.887	1.885	2.126	2.151	1.991	1.591	1.675	0.657	1.822
G_{10}	7.273	1.021	1.451	1.399	0.708	1.689	1.900	1.887	1.722	1.378	1.463	0.582	1.604
G_{11}	7.317	0.912	1.368	1.218	0.457	1.388	1.457	1.387	1.223	1.032	1.082	0.489	1.292

表 5.6 分析坝段各方案下灌浆区底部特征部位渗流梯度

方案	渗流梯度														
	G_1	G_2	G_3	G_4	G_5	G_6	G_7	G_8	G_9	G_{10}	G_{11}	G_{12}	G_{13}	G_{14}	G_{15}
GZ_{11}	1.074	1.129	0.499	0.671	0.644	0.431	0.221	0.315	0.375	0.331	0.303	0.249	0.281	0.236	0.310
GZ_{10}	0.987	1.266	0.366	0.766	0.540	0.340	0.217	0.293	0.300	0.252	0.217	0.186	0.203	0.198	0.289
GZ_9	0.831	1.394	0.307	0.859	0.537	0.326	0.249	0.292	0.277	0.213	0.171	0.153	0.160	0.168	0.285
GZ_8	0.731	1.399	0.306	0.891	0.559	0.344	0.278	0.298	0.279	0.204	0.155	0.142	0.141	0.149	0.295
GZ_7	0.661	1.361	0.317	0.899	0.576	0.363	0.300	0.303	0.285	0.203	0.149	0.135	0.128	0.134	0.305
GZ_6	0.608	1.311	0.329	0.896	0.586	0.379	0.316	0.308	0.292	0.204	0.146	0.131	0.119	0.124	0.313
GZ_5	0.566	1.258	0.341	0.888	0.592	0.391	0.328	0.311	0.298	0.206	0.145	0.129	0.112	0.116	0.318
GZ_4	0.533	1.207	0.352	0.877	0.594	0.400	0.337	0.313	0.303	0.209	0.146	0.128	0.108	0.110	0.321
GZ_3	0.505	1.159	0.361	0.865	0.595	0.406	0.344	0.315	0.308	0.211	0.147	0.127	0.104	0.105	0.322
GZ_2	0.481	1.114	0.368	0.853	0.593	0.411	0.349	0.315	0.311	0.214	0.149	0.127	0.101	0.102	0.321
GZ_1	0.460	1.073	0.375	0.840	0.591	0.414	0.352	0.316	0.314	0.216	0.151	0.127	0.100	0.099	0.319
G_1	0.551	1.520	0.800	2.128	2.325	1.895	1.219	1.207	1.660	1.450	1.498	1.220	1.332	0.997	0.226
G_2	0.568	1.512	0.812	2.051	2.264	1.840	1.171	1.167	1.610	1.408	1.453	1.184	1.294	0.966	0.201
G_3	0.588	1.503	0.825	1.965	2.196	1.776	1.117	1.121	1.554	1.359	1.403	1.142	1.251	0.931	0.173
G_4	0.610	1.491	0.839	1.867	2.117	1.704	1.056	1.070	1.490	1.304	1.345	1.095	1.201	0.891	0.143
G_5	0.637	1.476	0.853	1.756	2.027	1.621	0.987	1.011	1.416	1.240	1.278	1.040	1.144	0.845	0.110
G_6	0.670	1.457	0.867	1.627	1.921	1.524	0.908	0.942	1.330	1.166	1.199	0.976	1.077	0.791	0.078
G_7	0.711	1.431	0.878	1.478	1.794	1.410	0.816	0.863	1.228	1.079	1.107	0.900	0.997	0.728	0.065
G_8	0.763	1.395	0.883	1.303	1.641	1.272	0.710	0.769	1.106	0.974	0.995	0.808	0.900	0.652	0.093
G_9	0.831	1.342	0.874	1.099	1.451	1.103	0.586	0.658	0.956	0.845	0.858	0.695	0.780	0.561	0.153
G_{10}	0.925	1.259	0.828	0.868	1.205	0.890	0.442	0.526	0.769	0.683	0.684	0.552	0.625	0.448	0.229
G_{11}	1.048	1.134	0.677	0.666	0.866	0.609	0.286	0.380	0.524	0.469	0.453	0.365	0.416	0.310	0.304

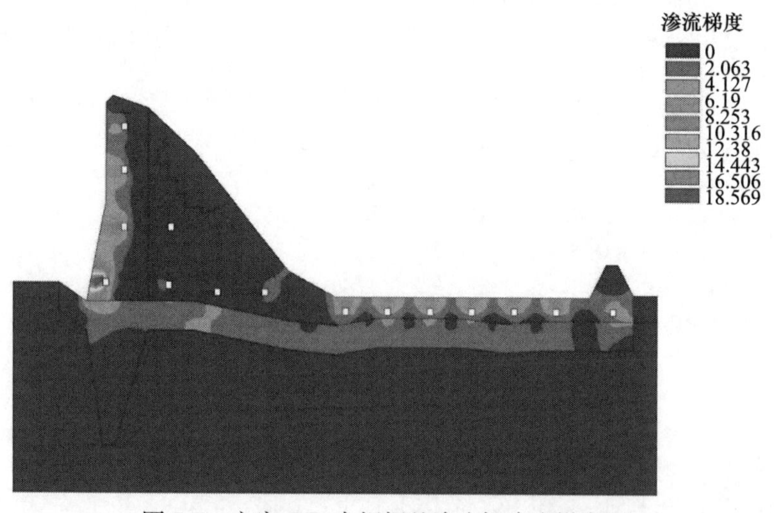

图 5.7 方案 GZ_1 大坝坝基渗流场渗流梯度图

图5.8　方案GZ_7大坝坝基渗流场渗流梯度图

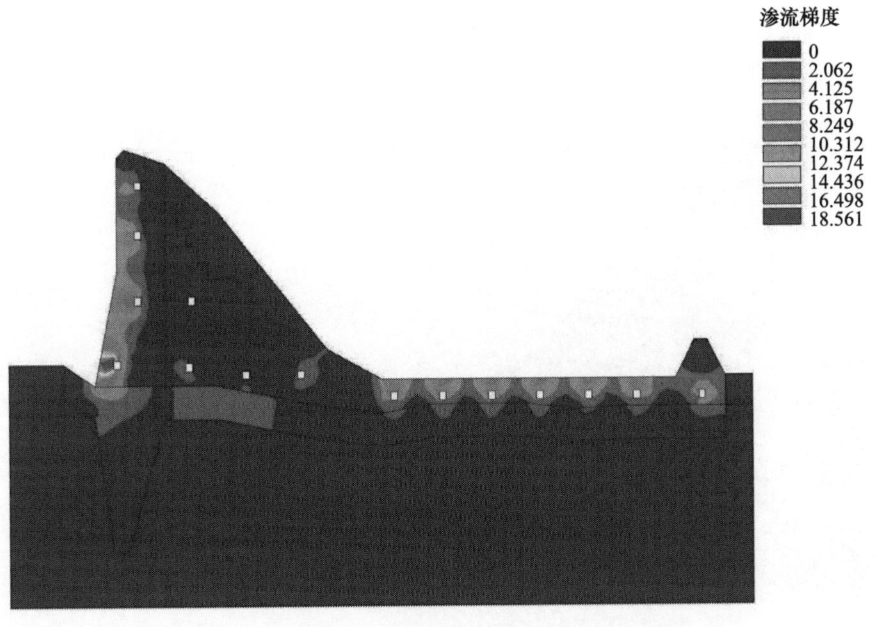

图5.9　方案GZ_3大坝坝基渗流场渗流梯度图

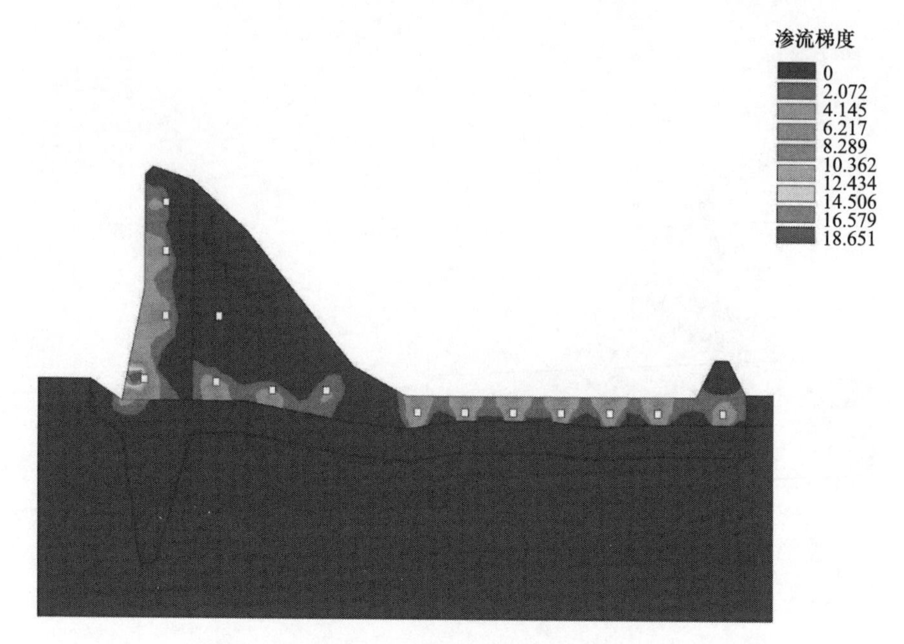

图 5.10　方案 G_3 大坝坝基渗流场渗流梯度图

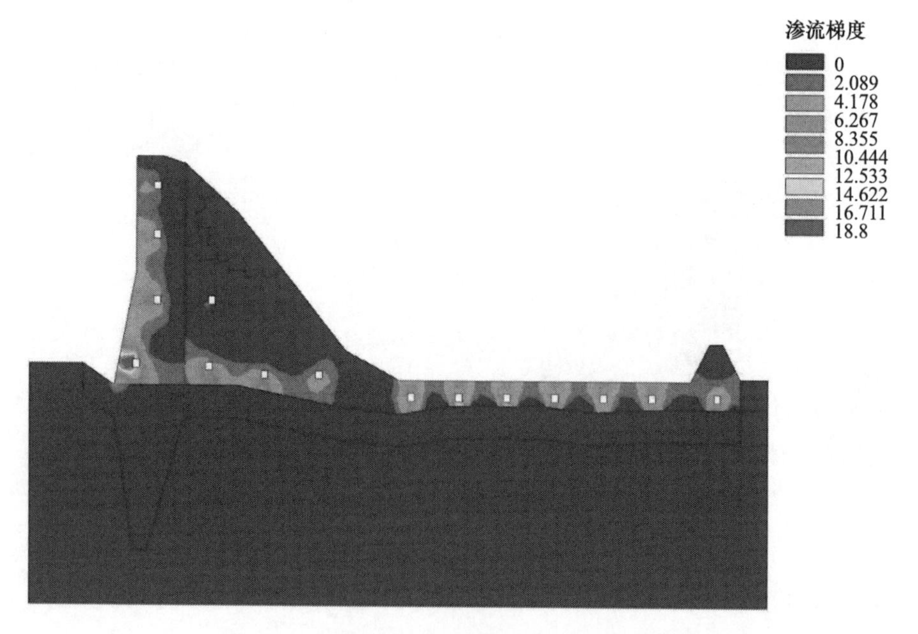

图 5.11　方案 G_7 大坝坝基渗流场渗流梯度图

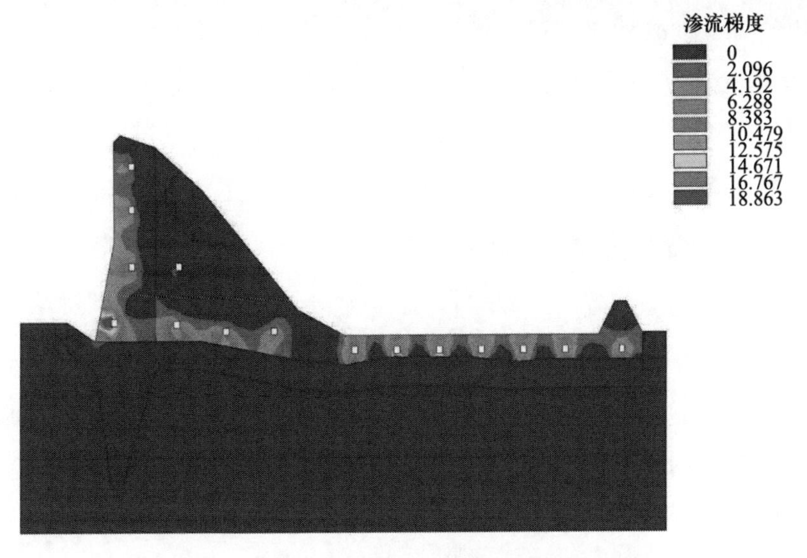

图5.12 方案G_{11}大坝坝基渗流场渗流梯度图

从表5.5和图5.7～图5.12可以看出，坝踵F_1部位的渗流梯度为最大值部位，而F_5、F_{12}部位是渗流梯度最小值部位。对于坝基面，各关键部位渗流梯度随坝基灌浆效果均有变化，而且变化规律不尽相同。坝基灌浆效果由差变好，F_1部位渗流梯度渐渐变大，而F_2、F_3、F_4等部位渗流梯度渐渐变小，部位F_{13}的渗流梯度基本上没什么变化。

从表5.5和图5.7～图5.12还可以看出，上游G_2部位和G_4部位的渗流梯度较大，此两点的渗流梯度为最大值部位。与坝基面一样，随着坝基灌浆效果的变化，各部位渗流梯度也在不断变化。随着坝基灌浆效果由差变好，G_2、G_4部位渗流梯度逐渐变大后有减小的趋势，而G_1部位渗流梯度逐渐变大，G_8、G_9部位的渗流梯度基本上没什么变化。

5.3 本章小结

本章分析了不同防渗帷幕灌浆效果方案下的渗流场特征，特别是渗流量的变化规律。得到以下主要结论：

(1) 对于渗流场方面，坝基关键部位 F_1 的水头随灌浆效果变化并不明显，其他部位水头随灌浆效果变化非常不显著。灌浆效果越好，坝基面各关键部位的水头越小；反之，则水头越大。对于坝基灌浆区域底部各关键部位水头的变化量也有所区别，具体表现为防渗帷幕附近关键部位 G_1～G_9 的水头随灌浆效果变化明显，下游关键部位 G_{11}～G_{15} 的水头随灌浆效果变化较小。

(2) 对于排水廊道的渗流量，排水廊道 D_{15} 的渗流量最小，排水廊道 D_4、D_8 的渗流量较大。随着灌浆效果由差变好，各排水廊道渗流量不断减小，但减小程度均不相同，排水廊道 D_8、D_4 的渗流量减小明显，排水廊道 D_5、D_{15} 的渗流量减小很少。好的灌浆效果将大大减小排水廊道的渗流量。

(3) 对于渗流场渗流梯度方面，随着坝基灌浆效果由差变好，坝基面的 F_1 部位渗流梯度渐渐变大，而 F_2、F_3、F_4 等部位渗流梯度渐渐变小，F_{13} 部位的渗流梯度基本上没有变化，坝基灌浆区域底部的 G_2、G_4 部位渗流梯度逐渐变大而后有减小的趋势，而 G_1 部位渗流梯度渐渐变大，G_8、G_9 部位渗流梯度基本上没有变化。

第 6 章　消力池底板耐久性影响评价

消力池是水工建筑物常用的消能设施，消力池底板的稳定和安全运行对确保大坝正常发电和汛期行洪安全至关重要，一旦发生失稳，轻则影响水电站设计功能的发挥，重则可能造成坝溃厂毁，给人民的生命财产带来巨大的损失。本章以安康大坝表孔消力池为例，研究消力池底板混凝土化学侵蚀的过程，研究消力池底板混凝土化学侵蚀的强度、发展速率及对消力池底板运行的影响，分析消力池底板混凝土强度和耐久性，为研究消力池底板混凝土抗化学侵蚀效果提供理论依据。

6.1　安康大坝表孔消力池概况

6.1.1　安康大坝表孔消力池简介

安康大坝为混凝土重力坝，水库控制流域面积 35600km^2，平均年径流量 192 亿 m^3，水库正常蓄水位 330m，正常发电尾水位 325m，汛限水位 325m，设计洪水 35700m^3/s，泄洪建筑物包括 5 个表孔、5 个中孔和 4 个底孔。

安康大坝表孔布置在河床中部 11$^\#$～15$^\#$ 坝段，采用宽尾墩与消力池结合的消能方式，表孔消力池处于左右底孔之间，5 个表孔中，左右两侧表孔(即 1$^\#$ 和 5$^\#$ 表孔)采用非对称宽尾墩，中间为对称宽尾墩。右底孔为窄缝式异型鼻坎，表孔和右底孔泄流均纳入表孔消力池内消能。

表孔消力池地形较低，下游右侧为一深槽，基础属于千枚岩，靠上游部分有活成岩侵入体，侵入体下游为变质岩破碎带。消力池于1991年汛期开始泄洪过水，正常高水位泄洪量2113m³/s，表孔消力池长108m、宽91m，纵横缝将池底板分成36块。池底板高程229m，尾坎高程243m，池深14m。消力池底板厚均≥7m，最厚处达到20m，底板表面为1m厚R_{28}300#抗冲混凝土，其内设一层抗冲防裂钢筋网，以下为R_{28}150#基础混凝土，深度大于7m坑槽部位回填R_{28}100#混凝土。各块纵横缝在面层抗冲混凝土内设铜止水和塑料止水各一道，基础混凝土从横缝内设键槽镶嵌连接，底板表面以下桩号0+90m、0+108m处两条纵缝进行了并缝灌浆。消力池底板下设有抽排系统，纵横排水廊道，廊道底板高程为222.50m，横向廊道骑缝布置，纵向廊道布置在缝下3.75m处，廊道内设有基础排水孔，用以降低消力池底板的扬压力。廊道集水汇入小导墙6的集水井，经布置在∇252.50m高程的深井泵抽排至尾水渠，池底板除11#坝段池4～池6和12#坝段池3～池6底板很厚，未进行灌浆外，其余底板均进行了固结灌浆。

1995～2007年，安康大坝表孔消力池泄洪运行小时数统计如表6.1所示。

表6.1 安康大坝表孔消力池泄洪运行小时数统计表

年份	泄洪运行小时数/(h/次)					
	1#表孔	2#表孔	3#表孔	4#表孔	5#表孔	合计
1995	3/1	8.3/2	—	—	—	11.3/3
1996	1.8/1	40.9/1	28.4/3	12/1	1.8/1	84.9/7
1998	178.3/6	169/4	115/4	180/4	268.4/6	910.7/24
2000	—	114.6/4	76.3/6	102.2/4	33.9/1	327/15
2002	—	—	8.9/1	—	—	8.9/1
2003	82/3	214/4	219/10	227/5	87/3	829/25
2004	—	—	21/4	—	—	21/4
2005	189.5/4	142.0/5	272.4/13	122.2/5	192.9/3	919/30
2007	149.5/10	92.7/5	150.1/10	84/5	118.7/8	595/38

注：未列年份为表孔未泄洪，1992年及1993年因表孔闸门未安装好，在汛期有过流，但流量较小，故未考虑。

6.1.2　表孔消力池主要缺陷及处理措施

安康大坝表孔消力池于 1985 年开始施工，1989 年全面竣工，1989 年底导流底孔下闸蓄水后开始过水。1992 年对表孔坝段坝基进行化学灌浆。表孔消力池分别于 1996 年、2000 年、2002 年、2004 年进行了四次抽水检查和缺陷处理，将主要缺陷与处理情况归纳如下。

1. 1996 年 2～5 月第一次处理

1）表孔消力池主要缺陷

(1) 池底板变形严重。池底板高程比设计值抬高 50～70mm，最大抬高处在 13# 坝段池 4，为 100～130mm。

(2) 池底板裂缝。池底板表面共有大小不同的裂缝 20 多条。最长一条靠近小导墙，长约 76m，缝宽 2～5mm。

(3) 纵横缝开裂。池底板上的纵横缝有不同程度的张开，其中最大的是 12# 坝段与 13# 坝段的横缝，缝宽 20mm，缝两侧错抬最大达 50mm。

(4) 抗冲层混凝土与基础混凝土之间大面积脱开。经钻孔检查，最大脱开空隙达 130mm。

(5) 表面缺损。池底板表面磨蚀严重，混凝土内的粗骨料出露，最大磨蚀深度达 100mm。在 12# 坝段池 3 内，有一面积约 $102m^2$、深 300mm 的冲蚀坑，混凝土被冲掉，露出钢筋。

2）表孔消力池处理措施

(1) 消力池底板全范围布置锚筋，锚筋采用 ϕ28mm 钢筋，间、排距均为 1.5m，锚筋孔向上游倾斜，倾角 75°，孔深 2.5m。锚筋孔用膨胀锚固剂锚固，全池共打锚筋 3952 根，锚筋孔表面采用环氧砂浆封堵。

(2) 对消力池底板所有横缝及池 2 下游纵缝进行接缝灌浆。灌浆压力控制在 0.2MPa 以下。

(3) 对消力池抗冲层与基础混凝土接触面裂缝进行回填灌浆。

(4) 表面裂缝采用表面凿槽,环氧砂浆回填。12# 坝段池 3 表面剥落全面凿除,回填抗冲混凝土。

2. 2000 年 2 月第二次处理

1) 表孔消力池主要缺陷

(1) 部分池底板面板高程发生抬动。

(2) 12# 坝段池 2、池 3 与 13# 坝段池 1、池 2、池 3 约有 50%的原加固锚筋及 11# 坝段池 3、12# 坝段与 13# 坝段池 4 部分锚筋出现突出混凝土表面 2～3cm 或未伸出混凝土表面但顶破原环氧处理层的现象,被破坏部位锚筋总计约 800 根。有几个锚筋孔内,钢筋不知去向。钻孔检查时,部分钻孔在深 1.10m 处发生掉钻的情况。掉钻时孔内冲洗液全部漏失、掉钻部位无原灌浆水泥痕迹,且相邻锚筋孔处有气泡和冲洗液冒出,说明局部池底板面层混凝土已脱开(大部分在池 3 以下),且形成 2～5cm的空隙。

(3) 纵横缝开裂。11# ～15# 坝段反弧段处的各横缝,12# 坝段池 2 与 13# 坝段池 2、13# 坝段池 2 与 14# 坝段池 2 之间的横缝原表面处理环氧破坏,横缝裂开最大约 2cm。12# 坝段、13# 坝段、14# 坝段池 1、池 2 之间的纵缝;15# 坝段池 4 与池 5# 间的纵缝;13# 坝段池 6 与 14# 坝段池 6 之间的横缝,14# 坝段池 5、池 6 与 15# 坝段池 5、池 6 之间的横缝,14# 坝段池 5、池 6 与 15# 坝段池 5、池 6 之间的横缝,原表面处理环氧开裂,缝宽小于 2mm。

(4) 板块表面裂缝。消力池底板面层混凝土裂缝相比 1996 年增加较多,裂缝总计 136 条,总长度约 760m。裂缝较多且较严重的位置出现在消力池的池 2、池 3 部位,深度都贯穿抗冲混凝土层。

(5) 磨损情况。消力池面板大部分都有不同程度的磨损,磨损相对较厉害的区域在 13# ～15# 坝段的池 6 部位,其磨损程度为粗骨料出露,最大磨蚀深度约5cm。12#、13#坝段的池2、池3磨蚀深度大多小于3cm，粗略统计消力池面板表磨损深度在3～5cm的面积约1500m²，深度小于3cm的面积约800m²。

(6) 冲蚀坑情况。①消力池上游反弧段起始端约243m高程处有不同程度的冲蚀坑，最大一个约为21m²，最深的达到50cm，有的面层钢筋已裸露并有损坏，均属于表层破坏，在检查外观体型时发现，该部位表面体型有缺陷，又处在施工接缝层面处，混凝土级配较差；②大导墙表孔消力池内侧墙面，消力池预埋止水位置，环氧补面冲脱，形成一个长20m、宽30cm、深4cm的带状槽；③15#坝段大导墙上游转角有两处混凝土缺损，其中一处缺损为35m×0.4m×0.5m，另一处缺损为0.8m×0.2m×0.15m；④消力池底板与尾坎交界处有一长约40m、最大宽度0.8m、最大深度0.17m的冲槽，冲蚀坑总体积约9.7m³。

2) 表孔消力池处理措施

(1) 纵横缝处理。为控制动水压力进入底板和适应纵横缝的温度变形要求，对环氧抹面被破坏的纵横缝采用柔性材料聚氯密封胶、止水板堵缝，表面用环氧砂浆抹面。

(2) 表面缝处理。因各块中的表面裂缝已贯通表层混凝土，需对裂缝进行处理。处理板块表面裂缝采用止水材料接缝，表面用环氧砂浆抹面。

(3) 预应力锚筋加固处理。预应力锚筋加固范围为消力池底板破坏严重的部位，同时也是1996年加固锚筋出露较多的区域。实施加固的范围为11#坝段池2～池4。总加固面积约为4800m²，共布置预应力锚筋1550根。采用预应力锚筋加固方案，锚筋孔深42m，锚筋采用ϕ32mm钢筋，锚筋孔直径为65m，采用胶结式内锚头，锚固段长度为25m，外锚头采用螺母锁定。锚筋张拉设计吨位30t，张拉锁定吨位为20t。锚固段浆材料不低于C40，自由段浆材料不低于C30。

(4) 水平层间缝水泥回填灌浆处理。对表孔消力池底板预应力锚筋加固区域面混凝土与基础之间的水平层间缝进行水泥回填灌浆。灌浆孔深 1.5m，灌浆压力不超过 0.2MPa。水平层间缝回填灌浆分块分序在锚筋张拉之后进行。灌浆顺序为从下游向上游，从中间向两侧推进。

(5) 表面磨损处理。由于底板表面磨损面积较大，且位于消力池水流旋滚强烈区，即使处理后也难保其修补不脱落，且经计算分析，表面磨损不处理不会对池底板的安全构成严重威胁，故原则上对底板表面磨损不进行处理，只对局部较深的冲蚀坑进行处理。

(6) 冲蚀坑处理。反弧段及大导墙上游转角及尾坎内侧与底板交接处的冲蚀坑，按常规方法处理，即清除坑内石渣和凿除不密实或已松动的老混凝土，将原钢筋网剥离并距老混凝土面至少 20cm，加焊 ϕ19mm 钢筋，再在老混凝土面上回填 C40 高聚合物砂浆。

(7) 原锚筋孔处理。对原加固锚筋出露孔，在底板水平间缝回填灌浆后，进行环氧砂浆封孔处理。

3. 2002 年 3～5 月第三次处理

1) 表孔消力池主要缺陷

(1) 纵横缝局部损坏。有 25 处环氧脱落，柔性材料出露被冲掉，损坏 14m，其中最长的为 175m，最短的为 9cm，宽度约 20cm。

(2) 池底板裂缝。11# ～13# 坝段的池 2、池 3 出现少量裂缝，另外原修补过的裂缝环氧被冲掉或环氧中间出现裂缝。裂缝长度总计 112m。

(3) 锚筋出露。188 个锚筋孔表面的环氧砂浆护面被剥蚀掉，深约 5cm，锚筋露出 2～4cm。其中有 2 个出露锚筋孔有渗水。

(4) 冲蚀坑。消力池上游 229～243m 高程的反弧段内有大小 27 个冲蚀坑，最大一块面积为 3.6m×2.9m×0.15m。

(5) 表面磨损。仍维持 2000 年检查时的情况，未有大的发展。

2）表孔消力池处理措施

（1）纵横缝处理。12[#] 坝段、13[#] 坝段池 2 之间，13[#] ～15[#] 坝段池 2、池 3 之间的纵缝，总计 58m 长的伸缩缝采用聚合物砂浆与老混凝土结合，U 形复合止水带、止水板柔性材料接缝，表面用环氧砂浆抹面保护并预留伸缩缝的方法进行处理。其余破坏的伸缩缝按 2000 年时的方法处理。

（2）裂缝处理。对新发现开度及长度较小的裂缝，采用环氧砂浆（槽较深时，先回填集合物砂浆）封堵形式，原裂缝修补又破坏的地方仍按 2000 年时的方法处理。

（3）反弧段及底板冲蚀坑采用基面凿毛，涂刷基液，分层回填聚合物砂浆（混凝土）的方法。

（4）出露锚筋孔及废孔处理。对已出露的锚筋孔和废孔采用高聚合物砂浆回填，表面用环氧砂浆封堵孔保护。

（5）表面磨损试验处理：经过反复研究，决定在水流旋滚强烈且表面磨损严重的 13[#] 坝段池 2 板块上采用具有良好力学性能、较好抗磨性能的铁钢砂砂浆和弹性环氧砂浆进行试验处理，面积分别为 $200m^2$ 和 $142m^2$。

4. 2004 年 11 月～2005 年 2 月第四次处理

1）表孔消力池主要缺陷

（1）纵横伸缩缝破坏。2002 年处理的伸缩缝环氧砂浆脱落，U 形复合止水带、止水板等柔性止水材料出露或被冲掉，缝长 134.35m。

（2）池底板裂缝。在 11[#] ～13[#] 坝段的池 2、池 3、池 5 出现新裂缝 404m，另外原修补过的裂缝（环氧处理）被冲掉或环氧中间出现裂缝 317.72m。

（3）锚筋出露。锚筋出露共计有 746 个，1996 年、2000 年、2002 年处理过的锚筋孔、灌浆孔及废孔表面的环氧砂浆护面被剥蚀掉，深约

5cm，锚筋出露2～4cm。

(4) 冲蚀坑。在消力池上游229～243m高程的底板内、反弧段和溢流面上有多个大小不一的冲蚀坑，最大一个面积为7.0m×1.5m×0.1m。

(5) 表面磨损。13#坝段池2板块上的2002年试验处理的弹性环氧砂浆全部被冲掉，铁钢砂砂浆有一半被冲掉。其余底板表面磨损仍保持2000年检查时的情况，未有大的发展。

2) 表孔消力池处理措施

(1) 溢流面、反弧段及底板冲蚀坑采用环氧砂浆(环氧混凝土)进行回填处理。

(2) 纵横伸缩缝。底板环氧护面被冲掉的纵横伸缩缝封闭采用化学灌浆与环氧砂浆护面结合进行处理。底板环氧护面边缘出现裂缝的纵横伸缩缝封闭采用凿除原环氧砂浆护面，再重新回填环氧砂浆进行处理。

(3) 裂缝。底板环氧护面被冲掉的裂缝，原槽不再凿深、凿宽，将原槽清理，松动块去除，槽面清理后回填环氧砂浆进行处理。底板新出现的裂缝封闭采用环氧胶泥沿缝薄层涂抹进行处理。

(4) 锚筋孔。出露锚筋孔及废孔表面的护面采用割除锚筋斗，用环氧砂浆回填进行处理。

(5) 表面磨损处理。13#坝段池2板块上的磨蚀缺陷采用薄层环氧砂浆进行处理。

6.1.3 表孔消力池运行情况

安康大坝表孔消力池至今已运行20余年，虽历经四次修补，仍属于"带病"运行，池底板局部破损严重，各池几乎均出现了不同程度的裂缝，并有进一步破损的趋势，消力池底板渗流量较大，渗入液(库水)具有较强的软水性侵蚀作用，且碱性较强，渗水Ca^{2+}浓度较高，渗水点部位出现大量白色析出物，白色析出物中钙含量较多。消力池底板混凝土产生渗水析钙现象，标志着混凝土已发生病变，将逐渐降低其强度和耐久性，当混凝土中 CaO 溶蚀量为 25%时，抗压强度将下降 36%，抗拉强度将下降 66%，具体劣化过程如图 6.1 所示。可以看出，化学侵蚀严重影响着消力池底板混凝土的强度及耐久性。

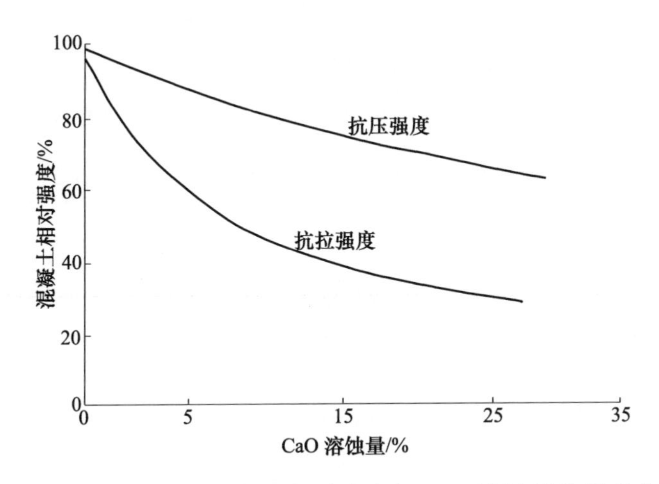

图 6.1　消力池底板混凝土相对强度与 CaO 溶蚀量的关系曲线

消力池底板混凝土遭受化学侵蚀劣化的程度，既取决于混凝土材料本身的结构状况，又与环境水质有着密切关系，混凝土越密实、渗透性越小，抗化学侵蚀能力就越强；若水泥具有抗侵蚀性，其抗溶蚀能力就比较强；如果环境水质具有较强的侵蚀性，则混凝土易遭受侵蚀破坏。同时，消力池底板混凝土化学侵蚀还与水压有关，当混凝土在化学侵蚀过程中所受水压较大时，所受到的化学侵蚀就比较强烈，反之，混凝土受到的侵蚀就较轻。

因此，研究消力池底板混凝土化学侵蚀的强度及其发展速率，分析化学侵蚀对消力池底板混凝土强度和耐久性的影响，预测化学侵蚀对已破损消力池底板今后运行的影响，并寻求如何花费少量费用延长现有结构的使用寿命，具有显著的社会效益和经济效益。

6.2　表孔消力池底板裂缝检测分析

6.2.1　表孔消力池底板裂缝调查及检测

经过现场调查，发现新裂缝 87 条，总长约 216.24m。从裂缝长度来看，14# 坝段池 3 裂缝最多，其总条数为 14 条，累计总长度为 27.94m；15# 坝段池 4 裂缝最少，其总条数为 1 条，长度为 1.44m；最长一条裂缝是分布在 11# 坝段池 1 的裂缝 NL_{11}^{11}，长度约为 9.80m；最短一条裂缝是分布在 15# 坝段 3 的裂缝 NL_{15}^{37}，长度仅为 0.36m。从裂缝深度来看，大多为浅表层裂缝，裂缝内部并未贯穿底板抗冲层混凝土，裂缝具体分布情况如表 6.2 所示。

表 6.2　裂缝分布情况表

部位	裂缝数目/条	部位	裂缝数目/条
11# 坝段池 1	1	13# 坝段池 4	1
11# 坝段池 2	2	13# 坝段池 5	4
11# 坝段池 3	1	13# 坝段池 6	—
11# 坝段池 4	3	14# 坝段池 1	8
11# 坝段池 5	1	14# 坝段池 2	3
11# 坝段池 6	—	14# 坝段池 3	14
12# 坝段池 1	8	14# 坝段池 4	—
12# 坝段池 2	6	14# 坝段池 5	2
12# 坝段池 3	4	14# 坝段池 6	—
12# 坝段池 4	—	15# 坝段池 1	—
12# 坝段池 5	4	15# 坝段池 2	4
12# 坝段池 6	—	15# 坝段池 3	13
13# 坝段池 1	2	15# 坝段池 4	1
13# 坝段池 2	—	15# 坝段池 5	—
13# 坝段池 3	5	15# 坝段池 6	—

从表 6.2 可知，消力池底板各部位均出现了不同程度的混凝土裂缝。从纵向分布来看，新裂缝主要出现在 14# 坝段和 15# 坝段，其中 14# 坝段池 3 新裂缝最多，达到 14 条之多，其次 15# 坝段池 3，裂缝数量

为13条，这两个坝段新增裂缝45条，占本次新增裂缝的一半以上；从横向分布来看，新裂缝主要出现在池2、池3，其中池3发现新增裂缝37条，这两个池的新裂缝几乎占本次调查所发现的新裂缝总数的50％。

6.2.2　消力池底板裂缝深度检测结果

根据裂缝调查结果，选择具有代表性的6条裂缝进行了深度测试，裂缝选择基本兼顾到了不同的位置，具有一定的代表性。由于事先估计裂缝深度小于500mm，所以采用单面平测法进行检测，同时为验证此类裂缝的可能深度，选取12#坝段池3裂缝NL_{12}^{33}、13#坝段池3裂缝NL_{13}^{33}做骑缝取芯验证，芯样直径ϕ100mm，最大钻深700mm。从取出的芯样上可以清楚地看到裂缝，量得裂缝深度分别为320mm、210mm，说明对其余5条裂缝的开展深度未超过500mm推断是正确的。各条裂缝深度检测结果如表6.3所示。

表6.3　裂缝深度检测结果

裂缝编号	裂缝深度/mm
NL_{12}^{11}	352.31
NL_{12}^{32}	270.88
NL_{12}^{33}	320.00
NL_{13}^{33}	210.00
NL_{13}^{54}	352.21
NL_{14}^{18}	201.49
NL_{14}^{22}	221.69
NL_{14}^{36}	436.35

6.3　混凝土强度检测结果

6.3.1　混凝土芯样强度检测结果

本次检测中采用ϕ100mm取芯机在代表性的部位共钻取芯样9个，每个芯样加工3个ϕ100mm×100mm标准混凝土圆柱体抗压试件，取三个测值的平均值作为该芯样的抗压强度。强度检测结果如表 6.4 所示。

表 6.4　混凝土芯样抗压强度检测结果

编号	取芯部位		芯样描述	芯样抗压强度/MPa
	位置	桩号		
1	12$^{\#}$坝段池 2	表面以下 0+119.30m,左 0+135.35m	芯样较密实,完好	28.0
2	12$^{\#}$坝段池 3	表面以下 0+138.50m,左 0+136.45m	芯样密实,完好	36.6
3	12$^{\#}$坝段池 3	表面以下 0+135.00m,左 0+138.50m	芯样密实,完好	32.1
4	12$^{\#}$坝段池 4	表面以下 0+147.68m,左 0+142.87m	芯样密实,完好	36.6
5	13$^{\#}$坝段池 2	表面以下 0+125.16m,左 0+166.65m	芯样密实,完好	37.6
6	13$^{\#}$坝段池 3	表面以下 0+132.35m,左 0+151.45m	芯样较密实,完好	28.7
7	13$^{\#}$坝段池 3	表面以下 0+135.00m,左 0+157.50m	芯样密实,完好	30.4
8	13$^{\#}$坝段池 4	表面从下 0+147.25m,左 0+159.10m	芯样密实,完好	34.7
9	14$^{\#}$坝段池 3	表面以下 0+131.20m,左 0+168.65m	芯样密实,完好	39.0

从表 6.4 可知,芯样外观都比较密实,芯样完整,混凝土质量较好,除 1$^{\#}$和 6$^{\#}$混凝土芯样抗压强度略低于设计值 30MPa 外,其他芯样抗压强度均高于设计值 30MPa,芯样的抗压强度合格率为 77.8%,芯样最高抗压强度为 39.0MPa,最低抗压强度为 28.0MPa,平均抗压强度为 33.8MPa。

为了直观了解裂缝处混凝土的强度,在本次检测中选择两条有代表性的裂缝骑缝钻取芯样并实测其强度,结果如表 6.5 所示。

表 6.5　裂缝处混凝土芯样抗压强度检测结果

裂缝编号	裂缝深度/mm	裂缝长度/cm	芯样描述	芯样抗压强度/MPa
NL_{12}^{33}	320.00	546.62	芯样较密实,完好	28.0
NL_{13}^{33}	210.00	436.99	芯样密实,完好	35.0

从表 6.5 可知,裂缝处没有出现混凝土的严重缺陷,裂缝密闭良好,芯样抗压强度有高有低,没有一个统一的规律,芯样最低抗压强度达到 28.0MPa,裂缝处混凝土抗压强度还没有显著降低的迹象。

6.3.2　超声回弹法混凝土强度检测结果

现场取芯检测能够直观反映混凝土的质量,但只能做到点的检测,不能对检测断面混凝土进行全面的检测，因此不能全面地反映混凝土质量的分布情况，这时就必须依靠无损检测。本次采取超声回弹法检测表孔消力池混凝土强度。

为了使检测结果能较好地反映消力池底板混凝土的整体情况，测区的选择尽量布置在有代表性的部位，本次检测中采用 ϕ100mm 取芯机共钻取混凝土芯样 9 个，在取芯前先对取芯部位进行超声波回弹检测，得出回弹值 R_m 和超声波波速 v，然后在该部位钻取芯样，为保证抗压强度数据最直接可靠，钻芯位置必须在超声回弹测区内。取芯样的 3 个标准试件强度的平均值作为该芯样的强度，并将其与回弹值、超声波波速拟合回归关系式为

$$f_{cu}=0.390014v^{0.4757}R_m^{1.0960} \tag{6.1}$$

式中，f_{cu}为试件抗压强度；R_m 为芯样回弹值；v 为超声波波速。

曲线相关系数 $r=0.9012$，曲线相对标准差 $e_r<3.3\%$（$e_r<12\%$），精度符合《超声回弹综合法检测混凝土抗压强度技术规程》（T/CECS 02—2020）[62]对专用曲线的要求。

根据关系式(6.1)并利用不同部位的回弹值、超声波波速即可推定混凝土抗压强度的分布情况。

本次检测对消力池底板的 22 个部位采用超声回弹综合法进行测强，由于专用曲线具有较强的适用性，检测结果具有一定的可靠性。各部位芯样回弹值、超声波波速及推定的混凝土抗压强度如表 6.6 所示。

表 6.6　消力池底板混凝土抗压强度

部位	超声波波速 v/(km/s)	芯样回弹值 R_m	混凝土抗压强度/MPa
11# 坝段池 1	2.93	43.1	40.2
11# 坝段池 2	2.86	32.8	29.5
11# 坝段池 3	3.14	36.9	35.1
11# 坝段池 4	2.87	31.8	28.6
11# 坝段池 5	2.88	38.5	35.2
11# 坝段池 6	3.40	34.2	33.5

续表

部位	超声波波速 v/(km/s)	芯样回弹值 R_m	混凝土抗压强度/MPa
12# 坝段池 1	2.73	25.3	21.7
12# 坝段池 5	2.87	34.7	31.4
12# 坝段池 6	2.23	33.9	27.2
13# 坝段池 1	2.43	31.4	26.0
13# 坝段池 5	2.58	38.5	33.5
13# 坝段池 6	3.19	30.5	28.7
14# 坝段池 1	5.38	40.2	49.8
14# 坝段池 2	2.51	38.8	33.3
14# 坝段池 4	3.35	37.0	36.3
14# 坝段池 5	3.13	32.2	30.2
14# 坝段池 6	3.30	31.3	30.0
15# 坝段池 2	2.40	30.7	25.2
15# 坝段池 3	3.60	38.7	39.4
15# 坝段池 4	2.94	34.2	31.3
15# 坝段池 5	3.24	39.9	38.8
15# 坝段池 6	3.32	32.5	31.3

从表 6.6 可知，混凝土抗压强度低于 30MPa 的测点有 7 个，占总数的 31.8%，其他 15 个测点混凝土抗压强度均大于原设计标号的要求。14# 坝段池 1 混凝土抗压强度最高，为 49.8MPa；12# 坝段池 1 混凝土抗压强度最低，仅为 21.7MPa，几乎衰减了 1/3；平均抗压强度为 32.5MPa，抗压强度标准差为 6.1MPa，抗压强度离差系数为 18.6%，强度分布相对不均匀。

6.4 渗水水质检测结果

在安康大坝坝前库水和消力池底板下表面渗漏点选择水质特征有代表性的取样点现场采取水样，共采集了 11 个水样，其中，坝前表层库水水样 1 个，其余为消力池底板下表面渗水水样。本次水样化验委托自然资源部西安矿产资源监督检测中心完成，化验结果如表 6.7 所示。

表 6.7　安康大坝表孔消力池底板渗水水化学特征统计表

样品编号	取样位置	pH	离子浓度/(mg/L)						
			K^+	Na^+	Ca^{2+}	Mg^{2+}	CO_3^{2-}	SO_4^{2-}	Cl^-
1#	15#坝段池 3	11.57	52.6	63	26.3	0.024	33.1	13.87	5.71
2#	14#坝段池 4	9.95	30.3	34.6	25.3	0.032	37.8	15.88	1.9
3#	11#坝段池 2	8.3	3.19	5.51	32.3	6.08	6.3	22.31	2.86
4#	13#坝段池 5	11.83	85.2	73.8	97.7	0.037	39.4	11.42	16.2
5#	12#坝段池 4	11.55	77.0	90.0	30.9	0.0084	55.1	13.37	18.1
6#	12#坝段池 2	11.95	108	93.2	144	0.0085	34.6	13.23	14.3
7#	13#坝段池 3	11.47	29.7	32.3	53.9	0.0086	39.4	21.06	2.86
8#	14#坝段池 2	11.86	88.2	77.8	90.9	0.0089	34.6	8.36	14.3
9#	14#坝段池 5	10.86	13.7	16.4	17.6	0.92	25.2	21.97	2.86
10#	12#坝段池 3	11.21	5.6	8.21	60.4	0.041	20.5	27.23	2.86
11#	14#坝段池 3	11.76	30.6	39.1	96.9	0.043	39.4	17.66	14.3

从表 6.7 可知，根据水化学分类标准，渗入液(库水)pH 较低于渗出液，这反映出渗水溶液在消力池底板混凝土内部的渗透过程中，pH 经历了由低到高的变化趋势，其原因是库水属于 $NaHCO_3$ 型水，且$[Ca^{2+}]+[Mg^{2+}]<$ 1.5mmol/L，具有软水性侵蚀作用，这样渗水溶液就容易与其相接触的消力池底板混凝土中水泥的水化产物诸如 $Ca(OH)_2$ 一类物质发生溶蚀作用，从而使底板下表面渗出液中的碱性物质明显增多。因此，渗水溶液在消力池底板混凝土内部的渗透过程中，混凝土材料中的固相介质通过与其接触的渗水溶液发生一系列化学反应从而进入水溶液中，引起水泥水化产物的溶失，不过各个部位的侵蚀作用的强度大有不同，这是由消力池底板的破损程度、混凝土材料内部孔隙大小和渗水溶液动态特征不同所引起的。

6.5　消力池底板混凝土化学侵蚀及其数值模拟基础

6.5.1　消力池底板混凝土及其水化产物

安康大坝表孔消力池底板混凝土主要由胶凝材料、骨料组成。胶凝材料主要是水泥的水化产物，所以水泥的成分、水化直接影响混凝土的成分和材料性能。消力池底板混凝土选用的是硅酸盐水泥，其主要矿物成分如表 6.8 所示。

表 6.8 硅酸盐水泥的主要矿物成分

硅酸盐水泥的主要矿物成分	所占比例/%
CaO	60～67
SiO_2	17～25
Al_2O_3	3～8
Fe_2O_3	0.5～6
MgO	0.1～5.5
Na_2O+K_2O	0.5～1.3
SO_3	1～3

硅酸盐水泥加水后，其矿物成分与水发生化学反应，生成新的水化产物，其组成及含量如表 6.9 所示。

表 6.9 硅酸盐水泥水化反应后主要水化产物及含量比例

产物名称	化学组成	缩写	所占比例/%
水化硅酸钙	$x\mathrm{CaO}\cdot\mathrm{SiO_2}\cdot y\mathrm{H_2O}$	C-S-H	70
氢氧化钙	$Ca(OH)_2$	CH	20
三硫型水化硫铝酸钙	$3CaO\cdot Al_2O_3\cdot 3CaSO_4\cdot 32H_2O$	$C_3A_3C\bar{S}H_{32}$	7

6.5.2 消力池底板混凝土化学侵蚀作用过程及其效应

1. 消力池底板混凝土化学侵蚀作用过程

在表孔泄洪和消力池蓄水条件下，消力池底板上下面形成了很大的水头差，消力池上表面库水在强大的渗透压力作用下通过消力池底板混凝土孔隙、裂缝等进入消力池底板混凝土内部，并与所经过的混凝土材料发生一系列化学作用导致化学元素在混凝土和水之间重新分配，最终流到消力池基础廊道。从消力池混凝土上表面到下表面的渗流过程中，渗水不停地与介质(混凝土)发生化学作用,改变自身的化学组成特性,同时也不断地改变消力池底板混凝土成分、结构和性状,致使底板混凝土强度及耐久性逐渐降低。

消力池底板混凝土-水系统中液-固相之间发生的一系列化学反应是导致消力池底板混凝土发生化学侵蚀的根本原因,其反应强度主要取决于组成消力池底板混凝土的矿物成分和结构、渗水溶液的化学性质、温度、水溶组分在消力池底板混凝土中的迁移等因素。这些因素对消力池底板混凝土水化学作用的进行起着控制作用,从而也共同决定了消力池底板混凝土化学侵蚀的强度和发展速率。

2. 消力池底板混凝土化学侵蚀的工程效应

消力池底板混凝土强度及耐久性降低是由于组成混凝土的成分在与其中渗水溶液之间的化学作用推动下,水泥石各组分发生溶解,其中 $Ca(OH)_2$ 最易溶解(特别是在软水中),从而使液相石灰浓度下降,导致混凝土中水泥水化产物很快达到石灰极限浓度,并依次分解,造成水化产物的溶失,最后使混凝土强度及耐久性逐渐劣化。

从工程角度来讲,消力池底板混凝土侵蚀对工程有正负两种效应,但正效应是局部的,负效应是总体的,消力池底板混凝土化学侵蚀总体上是向工程不利的方向发展,其不利影响有以下两个方面。

(1) 降低消力池底板混凝土强度。由于与渗水溶液相互作用的过程中消力池底板混凝土原裂隙的扩大或新裂隙的形成,消力池底板混凝土渗透性不断增大、水压力不断提高,根据有效应力原理,引起消力池底板混凝土强度相应降低。

(2) 降低消力池底板混凝土耐久性。消力池底板混凝土的主要物质是水泥,而水泥中 CaO 所占的比例最大,其值为 60%～70%。此类物质在水的作用下易发生水化作用形成 $Ca(OH)_2$,而在消力池底板上表面的库水碱性偏低的条件下,$Ca(OH)_2$ 不断被水溶液溶解并被水带走,

使得消力池底板混凝土耐久性逐渐降低。$Ca(OH)_2$ 的溶解过程为

$$Ca(OH)_2 + HCO_3^- = CaCO_3 + H_2O + OH^- \tag{6.2}$$

$$CaCO_3 + H_2O \rightleftharpoons HCO_3^- + Ca^{2+} + OH^- \tag{6.3}$$

6.5.3 消力池底板混凝土化学侵蚀作用数值模拟基础

消力池底板混凝土-水系统中发生的一系列化学反应是导致消力池底板混凝土发生化学侵蚀最直接、最根本的原因，而根据消力池底板混凝土强度及耐久性退化研究的空间尺度和时间尺度，用适当的方法来定量描述这些化学反应，即对它们的定式化，则是消力池底板混凝土化学侵蚀作用数值模拟的基础。化学反应的定式化是指对反应过程中系统各组分之间的质量转移关系，具体来说是反应过程中反应物和生成物浓度（活度）之间数量关系的数学描述，其定式化方法有平衡热力学定式化和动力学定式化两种。

1. 化学反应的平衡热力学定式化

化学反应的平衡热力学定式化是利用质量作用定律，当化学反应达到平衡状态时参加反应的各组分浓度（活度）之间数量关系的一种数学描述方法。水溶液中发生的离解-络合反应为

$$A_i^x \rightleftharpoons \sum_{j=1}^{N_c} \nu_{ij}^x A_j^c, \quad i=1,2,\cdots,N_x \tag{6.4}$$

式中，A_i^x 为水溶液中第 i 个络合物种；A_j^c 为水溶液中第 j 个组分；ν_{ij}^x 为第 i 个络合反应中第 j 个组分的化学计量数；N_c 为水溶液中的组分总数；N_x 为络合物种总数。

对上述化学反应式应用质量作用定律，可以得到

$$K_i^x = (a_i^x)^{-1} \prod_{j=1}^{N_c} (a_j^c)^{\nu_{ij}^x}, \quad i=1,2,\cdots,N_x \tag{6.5}$$

式中，a_i^x 为水溶液中第 i 个络合物种的活度；a_j^c 为水溶液中第 j 个组分

的活度；K_i^{x} 为第 i 个络合物种离解成水溶液组分的平衡常数。

水溶液与固体矿物物种之间发生的溶解-沉淀反应为

$$A_i^{\mathrm{m}} \rightleftharpoons \sum_{j=1}^{N_{\mathrm{c}}} \nu_{ij}^{\mathrm{m}} A_j^{\mathrm{c}}, \quad i=1,2,\cdots,N_{\mathrm{m}} \tag{6.6}$$

式中，A_i^{m} 为第 i 个矿物物种；ν_{ij}^{m} 为第 i 个矿物物种中第 j 个水溶液组分化学计量数；N_{m} 为反应所涉及的矿物物种总数。

对上述化学反应式应用质量作用定律，可以得到

$$K_i^{\mathrm{m}} = \prod_{j=1}^{N_{\mathrm{c}}} (a_j^{\mathrm{c}})^{\nu_{ij}^{\mathrm{m}}}, \quad i=1,2,\cdots,N_{\mathrm{m}} \tag{6.7}$$

式中，K_i^{m} 为第 i 个矿物物种溶解成水溶液组分的平衡常数。

2. 化学反应的动力学定式化

动力学定式化是利用反应速率定律在化学反应的整个过程中参加反应的各组分浓度（活度）变化关系的数学描述方法。水溶液中发生的反应为

$$0 \underset{k_i^{\mathrm{ab}}}{\overset{k_i^{\mathrm{af}}}{\rightleftharpoons}} \sum_{j=1}^{N_{\mathrm{c}}} \nu_{ij}^{\mathrm{a}} A_j^{\mathrm{c}}, \quad i=1,2,\cdots,N_{\mathrm{aq}} \tag{6.8}$$

式中，N_{aq} 为水溶物种总数。

当正向和逆向反应均为基元反应时，各向反应的速率只与反应物活度有关，其速率方程为

$$\begin{cases} \mathfrak{R}_i^{\mathrm{af}} = k_i^{\mathrm{af}} \prod_{j=1}^{N_{\mathrm{c}}} (a_j^{\mathrm{c}})^{-\nu_{ij}^{\mathrm{a}}}, & \nu_{ij}^{\mathrm{a}} < 0 \\ \mathfrak{R}_i^{\mathrm{ab}} = k_i^{\mathrm{ab}} \prod_{j=1}^{N_{\mathrm{c}}} (a_j^{\mathrm{c}})^{\nu_{ij}^{\mathrm{a}}}, & \nu_{ij}^{\mathrm{a}} > 0 \end{cases} \tag{6.9}$$

式中，$\mathfrak{R}_i^{\mathrm{af}}$、$\mathfrak{R}_i^{\mathrm{ab}}$ 分别为正向反应速率和逆向反应速率；k_i^{af}、k_i^{ab} 分别为正向反应的速率常数和逆向反应的速率常数；$\nu_{ij}^{\mathrm{a}}<0$ 为反应物，$\nu_{ij}^{\mathrm{a}}>0$ 为生成物。

可逆反应的净速率为正向反应速率和逆向反应速率的差：

$$\mathfrak{R}_{\mathrm{t}}^{\mathrm{a}} = \mathfrak{R}_i^{\mathrm{af}} - \mathfrak{R}_i^{\mathrm{ab}} \tag{6.10}$$

利用细致平衡原理对式(6.10)进行改换,可以得到

$$\begin{cases} \Re_{\mathrm{t}}^{\mathrm{a}} = k_i^{\mathrm{af}} \prod_{j=1}^{N_{\mathrm{c}}} (a_j^{\mathrm{c}})^{-\nu_{ij}^{\mathrm{a}}} \left(1 - \dfrac{\mathrm{IAP}_{\mathrm{t}}^{\mathrm{a}}}{k_i^{\mathrm{a}}}\right) \\ \mathrm{IAP}_{\mathrm{t}}^{\mathrm{a}} = \prod_{j=1}^{N_{\mathrm{c}}} (a_j^{\mathrm{c}})^{\nu_{ij}^{\mathrm{a}}} \end{cases} \tag{6.11}$$

式中,$\mathrm{IAP}_{\mathrm{t}}^{\mathrm{a}}$ 为可逆反应下的离子活度积。

当正向反应和逆向反应均为总反应时,各向反应的速率不仅与反应物活度有关,也与生成物活度有关,其可逆反应的净速率为

$$\Re_{\mathrm{t}}^{\mathrm{a}} = k_i^{\mathrm{af}} \prod_{j=1}^{N_{\mathrm{c}}} (a_{ij}^{\mathrm{c}})^{\delta_{ij}^{\mathrm{a}}} \left(1 - \frac{\mathrm{IAP}_{\mathrm{t}}^{\mathrm{a}}}{k_i^{\mathrm{a}}}\right) \tag{6.12}$$

式中,$k_i^{\mathrm{af}} \prod_{j=1}^{N_{\mathrm{c}}} (a_{ij}^{\mathrm{c}})^{\delta_{ij}^{\mathrm{a}}}$ 为正向总反应的速率,其中 δ_{ij}^{a} 为任意实数,一般通过试验确定,也可以根据总反应的反应机制,通过组成总反应的各基元反应的速率推算获得。

对于水溶液与固体矿物成分之间发生的溶解-沉淀反应,当溶解和沉淀反应均为基元反应时,各向反应的速率方程为

$$\begin{cases} \Re_i^{\mathrm{md}} = k_i^{\mathrm{md}} S_i \prod_{j=1}^{N_{\mathrm{c}}} (a_j^{\mathrm{c}})^{-\nu_{\mathrm{n}}^{\mathrm{m}}} \\ \Re_i^{\mathrm{mp}} = k_i^{\mathrm{mp}} S_i \prod_{j=1}^{N_{\mathrm{c}}} (a_j^{\mathrm{c}})^{\nu_{\mathrm{n}}^{\mathrm{m}}} \end{cases}, \quad i = 1, 2, \cdots, N_{\mathrm{m}} \tag{6.13}$$

式中,$\Re_i^{\mathrm{md}}$、$\Re_i^{\mathrm{mp}}$ 分别为溶解反应速率和沉淀反应速率;k_i^{md}、k_i^{mp} 分别为溶解反应的速率常数和沉淀反应的速率常数;S_i 为反应表面积,即单位体积的水溶液中水溶液与固相矿物的接触面积,m^2/L。

反应的净速率为

$$\Re_i^{\mathrm{m}} = \Re_i^{\mathrm{md}} - \Re_i^{\mathrm{mp}} = k_i^{\mathrm{md}} S_i \prod_{j=1}^{N_{\mathrm{c}}} (a_j^{\mathrm{c}})^{-\nu_{\mathrm{n}}^{\mathrm{m}}} - k_i^{\mathrm{mp}} S_i \prod_{j=1}^{N_{\mathrm{c}}} (a_j^{\mathrm{c}})^{\nu_{\mathrm{n}}^{\mathrm{m}}} \tag{6.14}$$

同样利用细致平衡原理对式(6.14)进行变换,可以得到

$$\begin{cases}\Re_i^{\mathrm{md}}=k_i^{\mathrm{md}}S_i\prod_{j=1}^{N_c}(a_j^c)^{-\nu_{ij}^{\mathrm{m}}}\left(1-\dfrac{\mathrm{IAP}_i^{\mathrm{m}}}{k_i^{\mathrm{m}}}\right)\\ \Re_i^{\mathrm{mp}}=k_i^{\mathrm{mp}}S_i\prod_{j=1}^{N_c}(a_j^c)^{\nu_{ij}^{\mathrm{m}}}\left(1-\dfrac{\mathrm{IAP}_i^{\mathrm{m}}}{k_i^{\mathrm{m}}}\right)\\ \mathrm{IAP}_i^{\mathrm{m}}=\prod_{j=1}^{N_c}(a_j^c)^{\nu_{ij}^{\mathrm{m}}}\end{cases}\tag{6.15}$$

式中，$\mathrm{IAP}_i^{\mathrm{m}}$ 为溶解和沉淀总反应下的离子活度积。

当溶解反应和沉淀反应均为总反应时，反应的净速率为

$$\Re_i^{\mathrm{m}}=k_i^{\mathrm{m}}S_i\prod_{j=1}^{N_c}(a_j^c)^{\nu_{ij}^{\mathrm{m}}}\left(1-\frac{\mathrm{IAP}_i^{\mathrm{m}}}{k_i^{\mathrm{m}}}\right)\tag{6.16}$$

式中，k_i^{m} 为总反应时的速率常数。

3. 局部平衡原理

从理论角度来讲，消力池底板混凝土-水系统中发生的所有化学反应是动力学控制的，因此显然也应该用化学动力学来定式化反应过程。但在一个特定的研究空间范围内，如果化学反应达到平衡所需要的时间在所研究的时间尺度范围内，化学反应的速率远小于特定空间内水溶组分的运移速率，则化学反应的描述可以用平衡热力学定式化形式，这个原理称为局部平衡原理或局部平衡近似化原理。混凝土-水系统中发生的化学反应是否满足局部平衡原理，一般可通过化学反应的柯朗数和达姆科勒数来判定。

柯朗数定义为

$$Cr_i=\frac{\Delta t}{t_{\mathrm{r}i}}\tag{6.17}$$

式中，Cr_i 为第 i 个化学反应的柯朗数；$t_{\mathrm{r}i}$ 为第 i 个化学反应达到平衡所需要的时间。

$$t_{\mathrm{r}i}=\frac{1}{k_i}\tag{6.18}$$

式中，k_i 为第 i 个化学反应的速率常数。

将式(6.18)代入式(6.17)，可以得到

$$Cr_i = \Delta t k_i \tag{6.19}$$

达姆科勒数定义为

$$Da_i = \frac{t_t}{t_{ri}} \tag{6.20}$$

式中，Da_i 为第 i 个化学反应的达姆科勒数；t_t 为水溶组分在特定研究空间范围内的滞留时间。

$$t_t = \frac{\Delta x^2}{D + \ln u} \tag{6.21}$$

式中，u 为对流迁移速度(地下水实际流速)；D 为水动力弥散系数；Δx 为特定单元在流速方向上的长度。

将式(6.21)和式(6.18)代入式(6.20)，可以得到

$$Da_i = k_i \frac{\Delta x^2}{D + \ln u} \tag{6.22}$$

理论上，柯朗数和达姆科勒数大于或等于 1，表明化学反应达到平衡所需要的时间在所研究的时间尺度范围内，化学反应的速率小于或等于特定空间内水溶组分运移速率，就可以认为在研究的空间尺度和时间尺度范围内化学反应满足局部平衡近似化要求，化学反应也就可以用平衡热力学定式化形式。但实际上化学反应和组分迁移速率与很多因素有关，无法事先确切得知，柯朗数和达姆科勒数均是估计值，因此将式(6.19)和式(6.22)应用到实际问题时，只有柯朗数和达姆科勒数在远大于1($Cr \gg 1$ 和$Da \gg 1$)的条件下，化学反应才能用平衡热力学定式化形式，否则就应该用动力学定式化形式。

因此，消力池底板混凝土-水系统中化学反应的定式化问题不仅与化学反应的速率和组分迁移速率有关，还与研究问题的空间尺度和时间尺度有关，同时也取决于消力池底板混凝土的渗透性、材料内部孔隙、混凝土结构裂缝等物理特性和消力池底板渗透压力及其变化等因素。

6.6　消力池底板混凝土化学侵蚀反向模拟

6.6.1　反向模拟基本原理

消力池底板混凝土材料内部的渗水在与消力池底板混凝土介质相互作用过程中,逐渐改变消力池底板混凝土成分、结构和性状,使消力池底板混凝土强度和耐久性降低,同时也会改变自身的化学成分。在消力池底板混凝土不断运动的渗水不仅是消力池底板混凝土发生化学侵蚀的主导因素,还是其性能退化的信息载体,同时也是推断消力池底板混凝土工作性态的重要依据。反向模拟就是从这一点出发,在消力池底板混凝土上下表面取样化验获得水化学资料的基础上,通过反推来确定消力池底板混凝土-水系统中所发生的各种反应及其反应量,从而达到模拟消力池底板混凝土化学侵蚀过程的一种方法。

6.6.2　反向消力池底板混凝土化学侵蚀模型

消力池底板上表面渗入消力池底板混凝土内部的水溶液,与消力池底板混凝土发生一系列化学作用,改变消力池底板混凝土成分、结构和性状,使消力池底板混凝土强度及耐久性劣化,同时改变自身的化学成分并从消力池底板下表面渗出。其化学成分的变化满足质量守恒原理和电中性原理。反向化学侵蚀模型就是根据上述过程,利用质量守恒方程、电中性方程加上其他一些相应的条件所建立的。

1. 基本假定

消力池底板混凝土中的渗水系统基本处于稳定状态,即渗入液和渗出液化学成分都不随时间有明显的趋势性变化;下表面渗出的水溶液化学成分只是上表面渗入水溶液与消力池底板混凝土材料之间发生化学作用的结果，不考虑其他因素对渗出液化学成分变化的影响。

2. 质量守恒方程

渗入液组分总浓度加上与消力池底板混凝土体之间发生的物质交换量，可以得到渗出液组分总浓度为

$$T_{m1}+\delta_{m1}+\sum_{p=1}^{N_p}\nu_{mp}\frac{X_p}{Q}=T_{m2}+\delta_{m2} \tag{6.23}$$

式中，T_{m1}、T_{m2}分别为消力池底板上表面和下表面（下标1、2分别为上表面和下表面）渗入和渗出消力池底板的水溶液中组分 m 的平均总物质的量浓度，mol/L；δ_{m1}、δ_{m2}分别为上表面和下表面水溶液各组分的随机误差修正项（可正可负）；ν_{mp} 为反应的化学计量数；Q 为渗流量，L/d；X_p 为单位时间内消力池底板混凝土中第 p 个固体矿物相与水溶液之间发生的物质交换量，mol/d（为了方便起见，渗水与混凝土之间发生的所有反应均写为溶解反应的形式，$X_p>0$ 为溶解，$X_p<0$ 为沉淀）；X_p/Q 为单位渗流量条件下的混凝土矿物与水溶液之间发生的物质交换量，mol/L；N_p 为参加反应的矿物物种总数。

3. 电中性方程

渗入液和渗出液所有组分电荷之和为零，即

$$\sum_{m=1}^{N_c}Z_m(T_{mi}+\delta_{mi})=0,\quad i=1,2,\cdots,N_c \tag{6.24}$$

式中，N_c 为水溶液中的化学组分总数；Z_m 为水溶液中的组分 m 的电荷数。

4. 不等式约束

为了保证渗入和渗出水溶液中各组分的浓度随机误差不能过于偏

离其平均值，上述质量守恒方程和电中性方程的随机误差修正项 δ 约束为

$$|\delta_{mi}| \leqslant \mu_{mi}, \quad i=1,2 \tag{6.25}$$

式中，μ_{mi} 为随机误差极限。

把随机误差绝对值加权和（或随机误差加权平方和）的最小化作为目标函数，将式(6.23)～式(6.25)作为约束条件，可以得到

$$\min \sum_{i=2}^{2} \sum_{m=2}^{N_c} \frac{S|\delta_{mi}|}{\mu_{mi}}$$

$$\text{s.t.} \begin{cases} (\delta_{m1}-\delta_{m2})+\sum\limits_{p=1}^{N_p} \nu_{mp} \dfrac{X_p}{Q}=(T_{m2}-T_{m1}) \\ \sum\limits_{m=1}^{N_c} Z_m(T_{mi}+\delta_{mi})=0, \quad i=1,2 \\ |\delta_{mi}| \leqslant \mu_{mi}, \quad i=1,2 \\ \begin{cases} X_p>0, & \text{溶解反应} \\ X_p<0, & \text{沉淀反应} \end{cases} \end{cases} \tag{6.26}$$

在相同误差极限范围之内，式(6.26)中的目标函数分别改为单位时间内固体矿物相与水溶液之间发生的物质交换量 X_p 之和的最大值和最小值，可以得到

$$\max \sum_{p=1}^{N_p} |W+X_p|$$

$$\text{s.t.} \begin{cases} (\delta_{m1}-\delta_{m2})+\sum\limits_{p=1}^{N_p} \nu_{mp} \dfrac{X_p}{Q}=(T_{m2}-T_{m1}) \\ \sum\limits_{m=1}^{N_c} Z_m(T_{mi}+\delta_{mi})=0, \quad i=1,2 \\ |\delta_{mi}| \leqslant \mu_{mi}, \quad i=1,2 \\ \begin{cases} X_p>0, & \text{溶解反应} \\ X_p<0, & \text{沉淀反应} \end{cases} \end{cases} \tag{6.27}$$

$$
\min \sum_{p=1}^{N_p} |W + X_p|
$$

$$
\text{s.t.} \begin{cases} (\delta_{m1} - \delta_{m2}) + \sum_{p=1}^{N_p} \nu_{mp} \dfrac{X_p}{Q} = (T_{m2} - T_{m1}) \\ \sum_{m=1}^{N_c} Z_m (T_{mi} + \delta_{mi}) = 0, \quad i = 1,2 \\ |\delta_{mi}| \leqslant \mu_{mi}, \quad i = 1,2 \\ \begin{cases} X_p > 0, & \text{溶解反应} \\ X_p < 0, & \text{沉淀反应} \end{cases} \end{cases} \tag{6.28}
$$

式(6.26)～式(6.28)中，S 为缩放因子，其值取为 $S=0.001\sim0.01$，是为了防止求解过程中所构成的矩阵元素数值过大；W 为足够大的正数，主要是为了模型数学形式上的统一，其值建议取为 $W=1000$。

上述三个目标函数不同、约束条件相同的模型共同组成了反向消力池底板混凝土化学侵蚀模型，分别用于计算混凝土与渗水溶液之间的物质交换量平均值以及误差极限范围内的最大值和最小值。当获得渗入液和渗出液的水化学以及渗流量资料时，利用反向模型便可获得给定随机误差极限范围内消力池底板混凝土不同破损条件下与渗水溶液之间的物质转移量及变化范围，达到能够模拟混凝土化学侵蚀作用过程的目的。

6.6.3 化学侵蚀模型的求解方法

模型求解过程中的优化问题常可表示为

$$
\begin{cases} \boldsymbol{AX} = \boldsymbol{B} \\ \boldsymbol{CX} = \boldsymbol{D} \\ \boldsymbol{EX} \leqslant \boldsymbol{F} \end{cases} \tag{6.29}
$$

第一个矩阵方程组对第二个等式方程组约束和第三个不等式方程组进行 L1 优化；目前在数值计算领域内有很多种不同的算法，L1 优化问题的 Barrodale-Roberts 算法是最为成熟、最为常用的算法之一。本书直接运用 L1 优化问题的 Barrodale-Roberts 算法来实现消力池底板混凝土反向化学侵蚀模型的数值求解，其求解过程流程如图 6.2 所示。

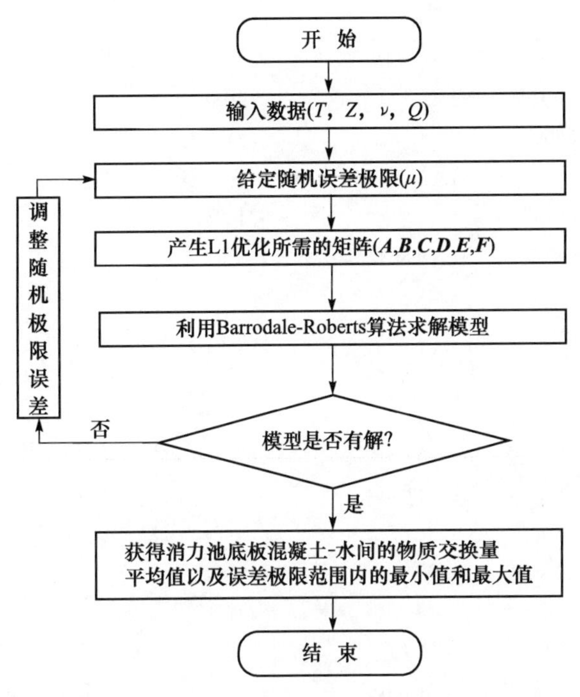

图 6.2　反向化学侵蚀模型求解过程流程图

6.6.4　消力池底板混凝土化学侵蚀的反向模拟计算

安康大坝表孔消力池长 108m、宽 91m，纵横缝将池底板分成 36 块。池底板高程 229m，尾坎高程 229m，池深 14m。消力池底板厚≥7m，最厚处达到 20m。

本节以坝前表层库水作为渗入液，以消力池底板下表面水质作为渗出液，根据表孔消力池底板混凝土与渗水溶液之间可能发生的一系列化学反应及其状态，利用反向混凝土化学侵蚀模型对表孔消力池底板的混凝土在随机误差极限(5%)范围内进行单位渗流量的化学侵蚀计算，渗入液(库水)水样中部分离子及其络合物存在形式及含量如表 6.10 所示。

表 6.10　渗入液(库水)水样部分离子及其络合物存在形式及含量

离子及其络合物	物质的量浓度/(mol/L)	活性物质的量浓度/(mol/L)	对数物质的量浓度/(mol/L)	对数活性物质的量浓度/(mol/L)	对数活性物质的量浓度与对数物质的量浓度差/(mol/L)
OH^-	5.20×10^{-7}	4.90×10^{-7}	−6.284	−6.310	−0.026
H^+	2.15×10^{-8}	2.04×10^{-8}	−7.667	−7.690	−0.023
H_2O	55.50	1.00	1.744	0	−1.744
HCO_3^-	1.60×10^{-3}	1.51×10^{-3}	−2.796	−2.820	−0.024
CO_2	6.94×10^{-5}	6.95×10^{-5}	−4.159	−4.158	0.001
$CaHCO_3^+$	2.44×10^{-8}	2.20×10^{-8}	−7.613	−7.657	−0.044
CO_3^{2-}	4.36×10^{-6}	3.48×10^{-6}	−5.361	−5.459	−0.098
$CaCO_3$	2.74×10^{-5}	1.83×10^{-5}	−4.563	−4.739	−0.176
$NaHCO_3$	1.51×10^{-7}	1.51×10^{-7}	−6.822	−6.822	0
$MgHCO_3^+$	4.26×10^{-8}	4.03×10^{-8}	−7.370	−7.395	−0.025
$NaCO_3^-$	1.22×10^{-8}	1.15×10^{-8}	−7.915	−7.941	−0.026
$MgCO_3$	7.53×10^{-9}	7.54×10^{-9}	−8.123	−8.123	0
Ca^{2+}	4.82×10^{-5}	4.83×10^{-5}	−4.317	−4.316	0.001
$CaOH^+$	1.19×10^{-6}	1.08×10^{-6}	−5.923	−5.969	−0.046
$CaSO_4$	3.28×10^{-7}	3.29×10^{-7}	−6.484	−6.483	0.001
$CaHSO_4^+$	6.02×10^{-18}	5.43×10^{-18}	−17.220	−17.266	−0.046
Cl^-	8.10×10^{-5}	7.64×10^{-5}	−4.091	−4.117	−0.026
H_2	2.95×10^{-27}	2.95×10^{-27}	−26.530	−26.530	0
K^+	4.30×10^{-5}	4.05×10^{-5}	−4.367	−4.392	−0.025
KSO_4^-	5.84×10^{-8}	5.51×10^{-8}	−7.234	−7.259	−0.025
KOH	6.88×10^{-12}	6.88×10^{-12}	−11.163	−11.162	0.001
Mg^{2+}	2.85×10^{-6}	2.27×10^{-6}	−5.546	−5.643	−0.097
$MgSO_4$	1.03×10^{-7}	1.03×10^{-7}	−6.987	−6.986	0.001
$MgOH^+$	4.28×10^{-10}	4.04×10^{-10}	−9.368	−9.393	−0.025
Na^+	1.88×10^{-4}	1.77×10^{-4}	−3.727	−3.752	−0.025
$NaSO_4^-$	1.82×10^{-7}	1.72×10^{-7}	−6.739	−6.765	−0.026
$NaOH$	5.73×10^{-11}	5.73×10^{-11}	−10.242	−10.242	0
O_2	4.78×10^{-40}	4.79×10^{-40}	−39.320	−39.320	0
SO_4^{2-}	2.43×10^{-4}	1.94×10^{-4}	−3.614	−3.713	−0.099
HSO_4^-	4.07×10^{-10}	3.84×10^{-10}	−9.390	−9.415	−0.025
H_4SiO_4	6.95×10^{-5}	6.95×10^{-5}	−4.158	−4.158	0
$H_3SiO_4^-$	5.32×10^{-7}	5.02×10^{-7}	−6.274	−6.299	−0.025
$H_2SiO_4^{2-}$	2.11×10^{-12}	1.67×10^{-12}	−11.676	−11.777	−0.101

从表 6.10 和表 6.11 可知，水样中大多数化学组分以自由离子的形式存在，所占比例均在 94%以上，其中钙元素主要由活性 Ca^{2+} 和碳酸类络合物两大部分组成。根据《水利水电工程地质勘察规范》(GB 50487—2008)[63]规定，当[Ca^{2+}]+[Mg^{2+}]<1.5mmol/L，环境水为软水，安康水库库水溶液活性 Ca^{2+} 浓度为 4.82×10^{-5} mol/L，活性 Mg^{2+} 浓度为 2.85×10^{-6} mol/L，两者浓度较小，这正是库水溶液具有软水性侵蚀作用的表现，同时碳酸类物质以 HCO_3^- 为主，且浓度小于 1.07mol/L，正是入渗水体的这种特性，为混凝土化学侵蚀提供了先决条件。

表 6.11　渗入液(库水)水样部分离子及其络合物存在形式及占比

离子及其络合物	分类	质量分数/%	合计/%
Ca^{2+} 及其络合物	Ca^{2+}	62.488	100
	$CaCO_3$	35.507	
	$CaOH^+$	1.548	
	$CaSO_4$	0.425	
	$CaHCO_3^+$	0.032	
Mg^{2+} 及其络合物	Mg^{2+}	94.878	100
	$MgSO_4$	3.436	
	$MgHCO_3^+$	1.421	
	$MgCO_3$	0.251	
	$MgOH^+$	0.014	
Si^{4+} 及其络合物	H_4SiO_4	99.240	100
	H_3SiO_4	0.760	
CO_3^{2-} 及其络合物	HCO_3^-	94.040	100
	CO_2	4.079	
	$CaCO_3$	1.610	
	CO_3^{2-}	0.256	
	$NaHCO_3$	0.009	
	$MgHCO_3^+$	0.003	
	$NaCO_3^-$	0.001	
	$MgCO_3$	0.001	
	$CaHCO_3^+$	0.001	

从表6.12和表6.13可知，1#水样中大多数化学组分仍以自由离子的形式存在，除Mg^{2+}外，活性离子所占比例均在67%以上，活性Ca^{2+}浓度有较大增加，增加到4.59×10^{-4}mol/L，比入渗液增加约10倍，这说明消力池底板混凝土中的含钙类矿物与其中的渗水溶液发生剧烈反应，通过化学溶解进入水体；Mg^{2+}主要由氢氧类络合物、活性Mg^{2+}及碳酸类络合物三大部分组成，活性Mg^{2+}浓度仅为4.37×10^{-7}mol/L，较入渗液少，$MgOH^{+}$络合物浓度为4.64×10^{-7}mol/L，水样中的活性Mg^{2+}浓度减少较快，而$MgOH^{+}$络合物浓度增加较快，说明流经该部位的渗水溶液中的Mg^{2+}与混凝土反应也较为强烈，同时碳酸类物质由从HCO_3^-为主转变为以CO_3^{2-}为主，说明该部位（15#坝段池3）渗水溶液与混凝土化学反应较强烈，一方面改变渗水溶液本身的化学特性，另一方面也可以推断出渗水溶液对该部位混凝土的化学损伤较为严重。

表6.12　1#水样部分离子及其络合物存在形式及含量

离子及其络合物	物质的量浓度/(mol/L)	活性物质的量浓度/(mol/L)	对数物质的量浓度/(mol/L)	对数活性物质的量浓度/(mol/L)	对数活性物质的量浓度与对数物质的量浓度差/(mol/L)
OH^-	4.05×10^{-3}	3.72×10^{-3}	−2.393	−2.430	−0.037
H^+	2.90×10^{-12}	2.69×10^{-12}	−11.5370	−11.57	−0.033
H_2O	55.50	1.00	1.744	0	−1.744
CO_3^{2-}	4.25×10^{-4}	3.07×10^{-4}	−3.371	−3.513	−0.142
$CaCO_3$	1.70×10^{-4}	1.71×10^{-4}	−3.769	−3.768	0.001
HCO_3^-	1.91×10^{-5}	1.76×10^{-5}	−4.719	−4.754	−0.035
$NaCO_3^-$	1.55×10^{-5}	1.43×10^{-5}	−4.809	−4.845	−0.036
$MgCO_3$	9.24×10^{-8}	9.26×10^{-8}	−7.034	−7.034	0
$CaHCO_3^+$	8.07×10^{-8}	7.44×10^{-8}	−7.093	−7.129	−0.036
$NaHCO_3$	2.47×10^{-8}	2.48×10^{-8}	−7.607	−7.606	0.001
CO_2	1.06×10^{-10}	1.07×10^{-10}	−9.973	−9.972	0.001
$MgHCO_3{}^+$	7.09×10^{-11}	6.51×10^{-11}	−10.150	−10.186	−0.036
Ca^{2+}	4.59×10^{-4}	3.31×10^{-4}	−3.338	−3.480	−0.142

续表

离子及其络合物	物质的量浓度/(mol/L)	活性物质的量浓度/(mol/L)	对数物质的量浓度/(mol/L)	对数活性物质的量浓度/(mol/L)	对数活性物质的量浓度与对数物质的量浓度差/(mol/L)
$CaOH^+$	2.22×10^{-5}	2.04×10^{-5}	−4.654	−4.690	−0.036
$CaSO_4$	6.42×10^{-6}	6.43×10^{-6}	−5.193	−5.192	0.001
$CaHSO_4^+$	1.10×10^{-16}	1.01×10^{-16}	−15.958	−15.994	−0.036
Cl^-	1.61×10^{-4}	1.48×10^{-4}	−3.793	−3.830	−0.037
H_2	5.12×10^{-35}	5.13×10^{-35}	−34.291	−34.29	0.001
K^+	1.35×10^{-3}	1.24×10^{-3}	−2.871	−2.908	−0.037
KOH	1.59×10^{-6}	1.59×10^{-6}	−5.798	−5.798	0
KSO_4^-	9.20×10^{-7}	8.46×10^{-7}	−6.036	−6.073	−0.037
$MgOH^+$	4.64×10^{-7}	4.27×10^{-7}	−6.334	−6.370	−0.036
Mg^{2+}	4.37×10^{-7}	3.16×10^{-7}	−6.360	−6.500	−0.140
$MgSO_4$	7.20×10^{-9}	7.21×10^{-9}	−8.143	−8.142	0.001
Na^+	2.72×10^{-3}	2.50×10^{-3}	−2.566	−2.602	−0.036
NaOH	6.13×10^{-6}	6.14×10^{-6}	−5.213	−5.212	0.001
$NaSO_4^-$	1.33×10^{-6}	1.22×10^{-6}	−5.877	−5.914	−0.037
O_2	1.58×10^{-24}	1.58×10^{-24}	−23.801	−23.800	0.001
SO_4^{2-}	1.35×10^{-4}	9.73×10^{-5}	−3.868	−4.012	−0.144
HSO_4^-	2.77×10^{-14}	2.55×10^{-14}	−13.558	−13.594	−0.036
$H_3SiO_4^-$	1.88×10^{-4}	1.73×10^{-4}	−3.726	−3.763	−0.037
$H_2SiO_4{}^{2-}$	6.11×10^{-6}	4.36×10^{-6}	−5.214	−5.360	−0.146
H_4SiO_4	3.15×10^{-6}	3.15×10^{-6}	−5.502	−5.501	0.001

表 6.13 1# 水样部分离子及其络合物存在形式及占比

离子及其络合物	分类	质量分数/%	合计/%
Ca^{2+}及其络合物	Ca^{2+}	69.756	100
	$CaCO_3$	25.885	
	$CaOH^+$	3.372	
	$CaSO_4$	0.975	
	$CaHCO_3^+$	0.012	
	$CaHSO_4^+$	0.000	
Mg^{2+}及其络合物	Mg^{2+}	46.371	100
	$MgSO_4$	43.662	
	$MgHCO_3^+$	9.239	
	$MgCO_3$	0.721	
	$MgOH^+$	0.007	

续表

离子及其络合物	分类	质量分数/%	合计/%
Si^{4+} 及其络合物	$H_3SiO_4^-$	95.000	100
	$H_2SiO_4^{2-}$	3.000	
	H_4SiO_4	2.000	
CO_3^{2-} 及其络合物	CO_3^{2-}	67.451	100
	$CaCO_3$	27.025	
	HCO_3^-	3.029	
	$NaCO_3^-$	2.463	
	$MgCO_3$	0.015	
	$CaHCO_3^+$	0.013	
	$NaHCO_3$	0.004	

从表 6.14 和表 6.15 可知，2# 水样中大多数溶解组分仍以自由离子的形式存在，活性离子所占比例均在 58%以上，其中 Si^{4+} 及其络合物较入渗液改变较多，说明混凝土中 Si^{4+} 与水体反应较强烈；同时碳酸类物质中 HCO_3^- 和 CO_3^{2-} 浓度改变较多，说明该部位渗水溶液与底板混凝土中硅类物质反应较多，而硅类物质是混凝土材料的另外一个主要化学组分，该部位(14# 坝段池 4)混凝土也遭到一定程度的水化学损伤。

表 6.14　2# 水样部分离子及其络合物存在形式及含量

离子及其络合物	物质的量浓度/(mol/L)	活性物质的量浓度/(mol/L)	对数物质的量浓度/(mol/L)	对数活性物质的量浓度/(mol/L)	对数活性物质的量浓度与对数物质的量浓度差/(mol/L)
OH^-	9.40×10^{-5}	8.92×10^{-5}	−4.027	−4.050	−0.023
H^+	1.18×10^{-10}	1.12×10^{-10}	−9.929	−9.950	−0.021
H_2O	55.50	1.00	1.744	0	−1.744
HCO_3^-	3.07×10^{-4}	2.92×10^{-4}	−3.512	−3.534	−0.022
CO_3^{2-}	1.49×10^{-4}	1.22×10^{-4}	−3.826	−3.913	−0.087
$CaCO_3$	8.85×10^{-6}	8.85×10^{-6}	−5.053	−5.053	0
$NaCO_3^-$	3.41×10^{-6}	3.24×10^{-6}	−5.467	−5.489	−0.022
$NaHCO_3$	2.34×10^{-7}	2.34×10^{-7}	−6.631	−6.631	0
$CaHCO_3^+$	1.69×10^{-7}	1.61×10^{-7}	−6.772	−6.794	−0.022
$MgCO_3$	8.28×10^{-8}	8.29×10^{-8}	−7.082	−7.082	0

续表

离子及其络合物	物质的量浓度/(mol/L)	活性物质的量浓度/(mol/L)	对数物质的量浓度/(mol/L)	对数活性物质的量浓度/(mol/L)	对数活性物质的量浓度与对数物质的量浓度差/(mol/L)
CO_2	7.37×10^{-8}	7.37×10^{-8}	−7.133	−7.132	0.001
$MgHCO_3^+$	2.56×10^{-9}	2.43×10^{-9}	−8.592	−8.614	−0.022
Ca^{2+}	5.28×10^{-5}	4.32×10^{-5}	−4.277	−4.365	−0.088
$CaSO_4$	1.14×10^{-6}	1.14×10^{-6}	−5.943	−5.943	0
$CaOH^+$	6.72×10^{-8}	6.38×10^{-8}	−7.173	−7.195	−0.022
$CaHSO_4^+$	7.89×10^{-16}	7.49×10^{-16}	−15.103	−15.125	−0.022
Cl^-	5.40×10^{-5}	5.13×10^{-5}	−4.268	−4.290	−0.022
H_2	8.91×10^{-32}	8.91×10^{-32}	−31.050	−31.050	0
K^+	7.76×10^{-4}	7.37×10^{-4}	−3.110	−3.132	−0.022
KSO_4^-	7.22×10^{-7}	6.86×10^{-7}	−6.141	−6.164	−0.023
KOH	2.28×10^{-8}	2.28×10^{-8}	−7.643	−7.642	0.001
Mg^{2+}	8.69×10^{-7}	7.11×10^{-7}	−6.061	−6.148	−0.087
$MgOH^+$	2.42×10^{-8}	2.30×10^{-8}	−7.616	−7.638	−0.022
$MgSO_4$	2.21×10^{-8}	2.21×10^{-8}	−7.656	−7.656	0
Na^+	1.50×10^{-3}	1.43×10^{-3}	−2.824	−2.846	−0.022
$NaSO_4^-$	9.95×10^{-7}	9.46×10^{-7}	−6.002	−6.024	−0.022
$NaOH$	8.39×10^{-8}	8.39×10^{-8}	−7.076	−7.076	0
O_2	5.25×10^{-31}	5.25×10^{-31}	−30.280	−30.280	0
SO_4^{2-}	1.62×10^{-4}	1.32×10^{-4}	−3.790	−3.878	−0.088
HSO_4^-	1.52×10^{-12}	1.44×10^{-12}	−11.818	−11.840	−0.022
$H_3SiO_4^-$	1.14×10^{-4}	1.08×10^{-4}	−3.944	−3.966	−0.022
H_4SiO_4	8.22×10^{-5}	8.22×10^{-5}	−4.085	−4.085	0
$H_2SiO_4^{2-}$	8.04×10^{-8}	6.55×10^{-8}	−7.095	−7.184	−0.089

表 6.15　2# 水样部分离子及其络合物存在形式及占比

离子及其络合物	分类	质量分数/%	合计/%
Ca^{2+} 及其络合物	Ca^{2+}	82.768	100
	$CaCO_3$	14.074	
	$CaOH^+$	1.807	
	$CaSO_4$	0.975	
	$CaHCO_3^+$	0.269	
	$CaHSO_4^+$	0.107	

续表

离子及其络合物种类	分类	质量分数/%	合计/%
Mg^{2+}及其络合物	Mg^{2+}	86.835	100
	$MgCO_3$	8.282	
	$MgOH^+$	2.422	
	$MgSO_4$	2.206	
	$MgHCO_3^+$	0.255	
Si^{4+}及其络合物	$H_3SiO_4^-$	58.040	100
	H_4SiO_4	41.919	
	$H_2SiO_4^{2-}$	0.041	
CO_3^{2-} 及其络合物	HCO_3^-	65.494	100
	CO_3^{2-}	31.805	
	$CaCO_3$	1.855	
	$NaCO_3^-$	0.727	
	$NaHCO_3$	0.050	
	$CaHCO_3^+$	0.034	
	$MgCO_3$	0.018	
	CO_2	0.016	
	$MgHCO_3^+$	0.001	

从表6.16和表6.17可知,3#水样中大多数元素仍以自由离子的形式存在,活性离子所占比例均在88%以上,活性Ca^{2+}浓度有较大增加,增加到2.06×10^{-4}mol/L,比入渗液增加约5倍,说明消力池底板混凝土材料中的含钙类矿物在渗水溶液作用下,通过化学溶解进入水体;其余离子均无较大变化,说明该部位(11#坝段池2)遭到水化学损伤较轻微。

表6.16 3#水样部分离子及其络合物存在形式及含量

离子及其络合物	物质的量浓度/(mol/L)	活性物质的量浓度/(mol/L)	对数物质的量浓度/(mol/L)	对数活性物质的量浓度/(mol/L)	对数活性物质的量浓度与对数物质的量浓度差/(mol/L)
OH^-	2.13×10^{-6}	2.00×10^{-6}	−5.671	−5.700	−0.029
H^+	5.32×10^{-9}	5.01×10^{-9}	−8.274	−8.3	−0.026
H_2O	55.50	1.00	1.744	0	−1.744
HCO_3^-	1.69×10^{-3}	1.59×10^{-3}	−2.772	−2.799	−0.027
CO_3^{2-}	1.91×10^{-5}	1.49×10^{-5}	−4.719	−4.828	−0.109

续表

离子及其络合物	物质的量浓度/(mol/L)	活性物质的量浓度/(mol/L)	对数物质的量浓度/(mol/L)	对数活性物质的量浓度/(mol/L)	对数活性物质的量浓度与对数物质的量浓度差/(mol/L)
CO_2	1.79×10^{-5}	1.79×10^{-5}	−4.748	−4.747	0.001
$CaCO_3$	1.48×10^{-5}	1.48×10^{-5}	−4.831	−4.830	0.001
$CaHCO_3^+$	1.28×10^{-5}	1.20×10^{-5}	−4.894	−4.921	−0.027
$MgHCO_3^+$	3.70×10^{-6}	3.47×10^{-6}	−5.432	−5.460	−0.028
$MgCO_3$	2.65×10^{-6}	2.65×10^{-6}	−5.578	−5.577	0.001
$NaHCO_3$	2.01×10^{-7}	2.01×10^{-7}	−6.698	−6.697	0.001
$NaCO_3^-$	6.63×10^{-8}	6.22×10^{-8}	−7.178	−7.206	−0.028
Ca^{2+}	7.62×10^{-4}	5.92×10^{-4}	−3.118	−3.228	−0.110
$CaSO_4$	1.89×10^{-5}	1.89×10^{-5}	−4.724	−4.724	0
$CaOH^+$	2.09×10^{-8}	1.96×10^{-8}	−7.680	−7.708	−0.028
$CaHSO_4^+$	5.91×10^{-13}	5.54×10^{-13}	−12.228	−12.256	−0.028
Cl^-	8.10×10^{-5}	7.59×10^{-5}	−4.091	−4.120	−0.029
H_2	1.78×10^{-28}	1.78×10^{-28}	−27.750	−27.750	0
K^+	8.19×10^{-5}	7.68×10^{-5}	−4.087	−4.115	−0.028
KSO_4^-	9.19×10^{-8}	8.62×10^{-8}	−7.037	−7.065	−0.028
KOH	5.31×10^{-11}	5.31×10^{-11}	−10.275	−10.275	0
Mg^{2+}	2.40×10^{-4}	1.87×10^{-4}	−3.621	−3.729	−0.108
$MgSO_4$	6.99×10^{-6}	6.99×10^{-6}	−5.156	−5.155	0.001
$MgOH^+$	1.44×10^{-7}	1.35×10^{-7}	−6.841	−6.869	−0.028
Na^+	2.40×10^{-4}	2.25×10^{-4}	−3.621	−3.648	−0.027
$NaSO_4^-$	1.92×10^{-7}	1.80×10^{-7}	−6.717	−6.745	−0.028
$NaOH$	2.96×10^{-10}	2.96×10^{-10}	−9.529	−9.528	0.001
O_2	1.32×10^{-37}	1.32×10^{-37}	−36.88	−36.880	0
SO_4^{2-}	2.06×10^{-4}	1.60×10^{-4}	−3.686	−3.796	−0.11
HSO_4^-	8.30×10^{-11}	7.79×10^{-11}	−10.081	−10.109	−0.028
H_4SiO_4	1.34×10^{-4}	1.34×10^{-4}	−3.873	−3.873	0
$H_3SiO_4^-$	4.20×10^{-6}	3.94×10^{-6}	−5.377	−5.404	−0.027
$H_2SiO_4^{2-}$	6.92×10^{-11}	5.35×10^{-11}	−10.160	−10.272	−0.112

表 6.17　3# 水样部分离子及其络合物存在形式及占比

离子及其络合物	分类	质量分数/%	合计/%
Ca^{2+}及其络合物	Ca^{2+}	94.256	100
	$CaSO_4$	2.333	
	$CaCO_3$	1.828	
	$CaHCO_3^+$	1.580	
	$CaOH^+$	0.003	

续表

离子及其络合物	分类	质量分数/%	合计/%
Mg^{2+}及其络合物	Mg^{2+}	94.676	100
	$MgSO_4$	2.760	
	$MgHCO_3^+$	1.462	
	$MgCO_3$	1.045	
	$MgOH^+$	0.057	
Si^{4+}及其络合物	H_4SiO_4	96.955	100
	$H_3SiO_4^-$	3.045	
CO_3^{2-} 及其络合物	HCO_3^-	95.963	100
	CO_3^{2-}	1.084	
	CO_2	1.015	
	$CaCO_3$	0.838	
	$CaHCO_3^+$	0.725	
	$MgHCO_3^+$	0.210	
	$MgCO_3$	0.150	
	$NaHCO_3$	0.011	
	$NaCO_3$	0.004	

从表6.18和表6.19可知，4#水样中大多数化学组分仍以自由离子的形式存在，除镁和碳酸类物质外，活性离子所占比例均在82%以上，活性Ca^{2+}浓度有较大增加，增加到2.22×10^{-3}mol/L，比入渗液增大约2个数量级，说明消力池的含钙类矿物与水体发生剧烈反应，通过化学溶解进入水体；Mg^{2+}主要由氢氧类络合物和活性Mg^{2+}两大部分组成，活性Mg^{2+}浓度仅为1.06×10^{-6}mol/L，$MgOH^+$络合物浓度为1.92×10^{-6}mol/L，水样中的$MgOH^+$络合物增加较快，说明该部位水溶液中的Mg^{2+}与混凝土反应也较为强烈，同时碳酸类物质由以HCO_3^-为主转变为以络合物碳酸钙为主，说明该部位(13#坝段池5)渗水与混凝土化学反应较强烈，一方面较大地改变渗水溶液本身的化学特性，另一方面也可以推断出渗水溶液对混凝土的化学侵蚀较为严重。

表6.18　4[#]水样部分离子及其络合物存在形式及含量

离子及其络合物	物质的量浓度/(mol/L)	活性物质的量浓度/(mol/L)	对数物质的量浓度/(mol/L)	对数活性物质的量浓度/(mol/L)	对数活性物质的量浓度与对数物质的量浓度差/(mol/L)
OH^-	7.57×10^{-3}	6.77×10^{-3}	−2.121	−2.170	−0.049
H^+	1.63×10^{-12}	1.48×10^{-12}	−11.789	−11.830	−0.041
H_2O	55.50	1.00	1.744	0	−1.744
$CaCO_3$	2.35×10^{-5}	2.36×10^{-5}	−4.629	−4.628	0.001
CO_3^{2-}	1.47×10^{-5}	9.65×10^{-6}	−4.832	−5.015	−0.183
$NaCO_3^-$	5.75×10^{-7}	5.16×10^{-7}	−6.240	−6.288	−0.048
HCO_3^-	3.38×10^{-7}	3.04×10^{-7}	−6.471	−6.517	−0.046
$MgCO_3$	6.45×10^{-9}	6.46×10^{-9}	−8.191	−8.190	0.001
$CaHCO_3^+$	6.27×10^{-9}	5.64×10^{-9}	−8.203	−8.249	−0.046
$NaHCO_3$	4.90×10^{-10}	4.91×10^{-10}	−9.310	−9.309	0.001
$MgHCO_3^+$	2.79×10^{-12}	2.50×10^{-12}	−11.555	−11.602	−0.047
CO_2	1.01×10^{-12}	1.01×10^{-12}	−11.996	−11.995	0.001
Ca^{2+}	2.22×10^{-3}	1.45×10^{-3}	−2.654	−2.838	−0.184
$CaOH^+$	1.82×10^{-4}	1.63×10^{-4}	−3.740	−3.788	−0.048
$CaSO_4$	1.86×10^{-5}	1.86×10^{-5}	−4.732	−4.730	0.002
$CaHSO_4^+$	1.80×10^{-16}	1.61×10^{-16}	−15.745	−15.793	−0.048
Cl^-	4.56×10^{-4}	4.08×10^{-4}	−3.341	−3.389	−0.048
H_2	1.55×10^{-35}	1.55×10^{-35}	−34.811	−34.810	0.001
K^+	2.18×10^{-3}	1.95×10^{-3}	−2.661	−2.710	−0.049
KOH	4.56×10^{-6}	4.57×10^{-6}	−5.341	−5.340	0.001
KSO_4^-	9.82×10^{-7}	8.80×10^{-7}	−6.008	−6.056	−0.048
$MgOH^+$	1.92×10^{-6}	1.72×10^{-6}	−5.716	−5.764	−0.048
Mg^{2+}	1.06×10^{-6}	7.02×10^{-7}	−5.973	−6.154	−0.181
$MgSO_4$	1.05×10^{-8}	1.06×10^{-8}	−7.978	−7.976	0.002
Na^+	3.20×10^{-3}	2.87×10^{-3}	−2.495	−2.542	−0.047
$NaOH$	1.28×10^{-5}	1.28×10^{-5}	−4.894	−4.892	0.002
$NaSO_4^-$	1.03×10^{-6}	9.23×10^{-7}	−5.987	−6.035	−0.048
O_2	1.73×10^{-23}	1.74×10^{-23}	−22.761	−22.760	0.001
SO_4^{2-}	9.85×10^{-5}	6.42×10^{-5}	−4.007	−4.193	−0.186
HSO_4^-	1.03×10^{-14}	9.23×10^{-15}	−13.987	−14.035	−0.048
$H_3SiO_4^-$	3.73×10^{-5}	3.34×10^{-5}	−4.428	−4.476	−0.048
$H_2SiO_4^{2-}$	2.38×10^{-6}	1.54×10^{-6}	−5.623	−5.813	−0.190
H_4SiO^4	3.35×10^{-7}	3.36×10^{-7}	−6.476	−6.474	0.002

表 6.19 4# 水样部分离子及其络合物存在形式及占比

离子及其络合物	分类	质量分数/%	合计/%
Ca^{2+} 及其络合物	Ca^{2+}	90.831	100
	$CaOH^{+}$	7.446	
	$CaCO_3$	0.961	
	$CaSO_4$	0.761	
	$CaHCO_3^{+}$	0.001	
Mg^{2+} 及其络合物	$MgOH^{+}$	64.056	100
	Mg^{2+}	35.369	
	$MgSO_4$	0.350	
	$MgCO_3$	0.215	
	$MgHCO_3^{+}$	0.010	
Si^{4+} 及其络合物	$H_3SiO_4^{-}$	93.215	100
	$H_2SiO_4^{2-}$	5.948	
	H_4SiO_4	0.837	
CO_3^{2-} 及其络合物	HCO_3^{-}	95.963	100
	CO_3^{2-}	1.084	
	CO_2	1.015	
	$CaCO_3$	0.838	
	$CaHCO_3^{+}$	0.725	
	$MgHCO_3^{+}$	0.210	
	$MgCO_3$	0.150	
	$NaHCO_3$	0.011	
	$NaCO_3^{-}$	0.004	

从表 6.20 和表 6.21 可知，5# 水样中大多数离子仍以自由离子的形式存在，活性离子所占比例均在 89%以上，活性 Ca^{2+} 浓度有较大增加，增加到 6.64×10^{-4}mol/L，较渗入液增大约 10 倍，这说明消力池底板混凝土中水泥水化产物诸如 $Ca(OH)_2$ 一类含钙类物质与渗水溶液发生剧烈化学反应，通过化学溶解进入渗水溶液中；Mg^{2+} 主要由氢氧类络合物、活性 Mg^{2+} 及碳酸类络合物三大部分组成，渗出液中各组分浓度较渗入液变化较小；同时碳酸类物质由以碳酸氢根为主变为以碳酸盐类组分为主，但是其浓度较小，说明该部位(12# 坝段池 4)渗水与消力池底板混凝土发生一定程度的化学反应，渗水溶液对混凝土的化学侵蚀属于中等强度。

表 6.20　5# 水样部分离子及其络合物存在形式及含量

离子及其络合物	物质的量浓度/(mol/L)	活性物质的量浓度/(mol/L)	对数物质的量浓度/(mol/L)	对数活性物质的量浓度/(mol/L)	对数活性物质的量浓度与对数物质的量浓度差/(mol/L)
OH^-	3.95×10^{-3}	3.55×10^{-3}	−2.403	−2.450	−0.047
H^+	3.09×10^{-12}	2.82×10^{-12}	−11.510	−11.550	−0.040
H_2O	55.50	1.00	1.744	0	−1.744
HCO_3^-	9.94×10^{-5}	6.95×10^{-5}	−4.159	−4.158	0.001
CO_2	1.00×10^{-3}	1.51×10^{-3}	−2.796	−2.820	−0.024
$CaHCO_3^+$	1.08×10^{-5}	1.02×10^{-5}	−4.966	−4.991	−0.025
CO_3^{2-}	4.36×10^{-6}	3.48×10^{-6}	−5.361	−5.459	−0.098
$CaCO_3$	3.09×10^{-6}	3.09×10^{-6}	−5.511	−5.510	0.001
$NaHCO_3$	1.51×10^{-7}	1.51×10^{-7}	−6.822	−6.822	0
$MgHCO_3^+$	4.26×10^{-8}	4.03×10^{-8}	−7.370	−7.395	−0.025
$NaCO_3^-$	1.22×10^{-8}	1.15×10^{-8}	−7.915	−7.941	−0.026
$MgCO_3$	7.53×10^{-9}	7.54×10^{-9}	−8.123	−8.123	0
Ca^{2+}	6.64×10^{-4}	5.29×10^{-4}	−3.178	−3.277	−0.099
$CaSO_4$	2.04×10^{-5}	2.04×10^{-5}	−4.690	−4.690	0
$CaOH^+$	4.56×10^{-9}	4.30×10^{-9}	−8.341	−8.367	−0.026
$CaHSO_4^+$	2.59×10^{-12}	2.44×10^{-12}	−11.587	−11.612	−0.025
Cl^-	5.10×10^{-4}	4.59×10^{-4}	−3.292	−3.338	−0.046
H_2	5.61×10^{-35}	5.62×10^{-35}	−34.251	−34.250	0.001
K^+	1.97×10^{-3}	1.77×10^{-3}	−2.706	−2.752	−0.046
KOH	2.17×10^{-6}	2.18×10^{-6}	−5.663	−5.662	0.001
KSO_4^-	1.25×10^{-6}	1.12×10^{-6}	−5.905	−5.950	−0.045
Mg^{2+}	1.85×10^{-6}	1.27×10^{-6}	−3.546	−3.643	−0.097
$MgSO_4$	1.03×10^{-7}	1.03×10^{-7}	−6.987	−6.986	0.001
$MgOH^+$	4.28×10^{-10}	4.04×10^{-10}	−9.368	−9.393	−0.025
Na^+	1.88×10^{-4}	1.77×10^{-4}	−3.727	−3.752	−0.025
$NaSO_4^-$	1.72×10^{-6}	1.55×10^{-6}	−5.765	−5.811	−0.046
$NaOH$	5.73×10^{-11}	5.73×10^{-11}	−10.242	−10.242	0
O_2	1.32×10^{-24}	1.32×10^{-24}	−23.881	−23.880	0.001
SO_4^{2-}	1.36×10^{-4}	9.02×10^{-5}	−3.867	−4.045	−0.178
HSO_4^-	2.74×10^{-14}	2.47×10^{-14}	−13.562	−13.607	−0.045
$H_3SiO_4^-$	8.58×10^{-5}	7.73×10^{-5}	−4.067	−4.112	−0.045
$H_2SiO_4^{2-}$	2.83×10^{-6}	1.86×10^{-6}	−5.548	−5.729	−0.181
H_4SiO_4	1.47×10^{-6}	1.48×10^{-6}	−5.832	−5.831	0.001

表 6.21 5# 水样部分离子及其络合物存在形式及占比

离子及其络合物	分类	质量分数/%	合计/%
Ca^{2+} 及其络合物	Ca^{2+}	95.084	100
	$CaSO_4$	2.925	
	$CaHCO_3^+$	1.548	
	$CaCO_3$	0.442	
	$CaOH^+$	0.001	
Mg^{2+} 及其络合物	Mg^{2+}	92.318	100
	$MgSO_4$	5.153	
	$MgHCO_3^+$	2.131	
	$MgCO_3$	0.377	
	$MgOH^+$	0.021	
Si^{4+} 及其络合物	$H_3SiO_4^-$	95.220	100
	$H_2SiO_4^{2-}$	3.145	
	H_4SiO_4	1.635	
CO_3^{2-} 及其络合物	CO_2	89.464	100
	HCO_3^-	8.873	
	$CaHCO_3^+$	0.966	
	CO_3^{2-}	0.390	
	$CaCO_3$	0.276	
	$MgHCO_3^+$	0.013	
	$NaHCO_3$	0.003	
	$NaCO_3^-$	0.014	
	$MgCO_3$	0.001	

从表 6.22 和表 6.23 可知，6# 活性 Ca^{2+} 浓度有较大增加，增加到 2.92×10^{-3} mol/L，比渗入液增大约 2 个数量级，这说明消力池底板混凝土中水泥水化产物诸如 $Ca(OH)_2$ 一类含钙类物质与渗水溶液发生剧烈化学反应，通过化学作用溶解进入渗水溶液中；Mg^{2+} 主要由氢氧类络合物和活性 Mg^{2+} 两大部分组成，活性 Mg^{2+} 浓度为 2.72×10^{-7} mol/L，$MgOH^+$ 络合物浓度为 1.19×10^{-7} mol/L，同时碳酸类物质由以 HCO_3^- 为主变为以碳酸盐类组分为主，渗水溶液中碱性物质明显增多，说明该部位渗水与混凝土化学反应较强烈，且渗出液 pH 较高，消力池底板该部位(12# 坝段池 2)混凝土化学侵蚀程度较严重。

表6.22　6[#]水样部分离子及其络合物存在形式及含量

离子及其络合物	物质的量浓度/(mol/L)	活性物质的量浓度/(mol/L)	对数物质的量浓度/(mol/L)	对数活性物质的量浓度/(mol/L)	对数活性物质的量浓度与对数物质的量浓度差/(mol/L)
OH^-	1.01×10^{-2}	8.92×10^{-3}	−1.994	−2.050	−0.056
H^+	1.25×10^{-12}	1.12×10^{-12}	−11.903	−11.950	−0.047
H_2O	55.50	1.00	1.744	0	−1.744
CO_3^{2-}	1.93×10^{-4}	1.19×10^{-4}	−3.714	−3.923	−0.209
$CaCO_3$	3.60×10^{-4}	3.61×10^{-4}	−3.444	−3.443	0.001
$NaCO_3^-$	8.95×10^{-6}	7.90×10^{-6}	−5.048	−5.102	−0.054
HCO_3^-	3.22×10^{-6}	2.85×10^{-6}	−5.492	−5.545	−0.053
$CaHCO_3^+$	7.40×10^{-8}	6.56×10^{-8}	−7.131	−7.183	−0.052
$MgCO_3$	8.41×10^{-9}	8.44×10^{-9}	−8.075	−8.074	0.001
$NaHCO_3$	5.69×10^{-9}	5.71×10^{-9}	−8.245	−8.244	0.001
CO_2	7.18×10^{-12}	7.20×10^{-12}	−11.144	−11.143	0.001
$MgHCO_3^+$	2.81×10^{-12}	2.48×10^{-12}	−11.552	−11.606	−0.054
Ca^{2+}	2.92×10^{-3}	1.80×10^{-3}	−2.535	−2.744	−0.209
$CaOH^+$	3.02×10^{-4}	2.66×10^{-4}	−3.520	−3.575	−0.055
$CaSO_4$	2.44×10^{-5}	2.45×10^{-5}	−4.613	−4.612	0.001
$CaHSO_4^+$	1.82×10^{-16}	1.61×10^{-16}	−15.739	−15.794	−0.055
Cl^-	4.03×10^{-4}	3.55×10^{-4}	−3.394	−3.450	−0.056
H_2	8.88×10^{-36}	8.91×10^{-36}	−35.052	−35.05	0.002
K^+	2.76×10^{-3}	2.43×10^{-3}	−2.558	−2.614	−0.056
KOH	7.48×10^{-6}	7.51×10^{-6}	−5.126	−5.124	0.002
KSO_4^-	1.32×10^{-6}	1.16×10^{-6}	−5.880	−5.935	−0.055
Mg^{2+}	2.72×10^{-7}	2.40×10^{-7}	−6.566	−6.620	−0.054
$MgOH^+$	1.19×10^{-7}	7.41×10^{-8}	−6.925	−7.130	−0.205
$MgSO_4$	1.18×10^{-9}	1.18×10^{-9}	−8.929	−8.927	0.002
Na^+	4.03×10^{-3}	3.56×10^{-3}	−2.395	−2.449	−0.054
NaOH	2.09×10^{-5}	2.09×10^{-5}	−4.681	−4.679	0.002
$NaSO_4^-$	1.38×10^{-6}	1.21×10^{-6}	−5.862	−5.916	−0.054
O_2	5.23×10^{-23}	5.24×10^{-23}	−22.282	−22.280	0.002
SO_4^{2-}	1.11×10^{-4}	6.81×10^{-5}	−3.954	−4.167	−0.213
HSO_4^-	8.42×10^{-15}	7.42×10^{-15}	−14.075	−14.129	−0.054
$H_3SiO_4^-$	7.50×10^{-4}	6.61×10^{-4}	−3.125	−3.180	−0.055
$H_2SiO_4^{2-}$	6.62×10^{-5}	4.01×10^{-5}	−4.179	−4.397	−0.218
H_4SiO_4	5.01×10^{-6}	5.03×10^{-6}	−5.300	−5.298	0.002

表 6.23　6# 水样部分离子及其络合物存在形式及占比

离子及其络合物	分类	质量分数/%	合计/%
Ca^{2+} 及其络合物	Ca^{2+}	80.971	100
	$CaCO_3$	9.976	
	$CaOH^+$	8.375	
	$CaSO_4$	0.676	
	$CaHCO_3^+$	0.002	
Mg^{2+} 及其络合物	Mg^{2+}	92.318	100
	$MgOH^+$	5.153	
	$MgCO_3$	2.131	
	$MgSO_4$	0.398	
Si^{4+} 及其络合物	$H_3SiO_4^-$	91.329	100
	$H_2SiO_4^{2-}$	8.061	
	H_4SiO_4	0.610	
CO_3^{2-} 及其络合物	$CaCO_3$	63.644	100
	CO_3^{2-}	34.185	
	$NaCO_3^-$	1.585	
	HCO_3^-	0.570	
	$CaHCO_3^+$	0.013	
	$MgCO_3$	0.002	
	$NaHCO_3$	0.001	
	CO_2	0.000	
	$MgHCO_3^+$	0.000	

从表 6.24 和表 6.25 可知，7# 水样中大多数离子仍以自由离子的形式存在，除 Mg^{2+} 外，活性离子所占比例均在 50%以上，活性 Ca^{2+} 浓度有较大增加，增加到 7.27×10^{-4} mol/L，比渗入液增大约 20 倍，这说明消力池底板混凝土中水泥水化产物诸如 $Ca(OH)_2$ 一类含钙类物质通过与渗水溶液发生化学反应而发生溶解；同时碳酸类物质由以 HCO_3^- 为主转变为以碳酸盐类组分为主，但是其浓度较小，说明该部位（13# 坝段池 3）渗水与混凝土反应属中等程度，渗水溶液对消力池底板混凝土具有一般性的化学损伤。

表6.24　7# 水样部分离子及其络合物存在形式及含量

离子及其络合物	物质的量浓度/(mol/L)	活性物质的量浓度/(mol/L)	对数物质的量浓度/(mol/L)	对数活性物质的量浓度/(mol/L)	对数活性物质的量浓度与对数物质的量浓度差/(mol/L)
OH^-	3.22×10^{-3}	2.95×10^{-3}	−2.492	−2.530	−0.038
H^+	3.66×10^{-12}	3.39×10^{-12}	−11.437	−11.47	−0.033
H_2O	55.50	1.00	1.744	0	−1.744
CO_3^{2-}	9.25×10^{-4}	6.63×10^{-4}	−3.034	−3.178	−0.144
$CaCO_3$	5.79×10^{-4}	5.80×10^{-4}	−3.237	−3.237	0
HCO_3^-	5.21×10^{-5}	4.79×10^{-5}	−4.283	−4.320	−0.037
$NaCO_3^-$	1.71×10^{-5}	1.57×10^{-5}	−4.767	−4.804	−0.037
$CaHCO_3^+$	3.46×10^{-7}	3.18×10^{-7}	−6.461	−6.497	−0.036
$MgCO_3$	7.84×10^{-8}	7.86×10^{-8}	−7.105	−7.105	0
$NaHCO_3$	3.42×10^{-8}	3.43×10^{-8}	−7.466	−7.465	0.001
CO_2	3.65×10^{-10}	3.65×10^{-10}	−9.438	−9.438	0
$MgHCO_3^+$	7.58×10^{-11}	6.96×10^{-11}	−10.120	−10.157	−0.037
Ca^{2+}	7.27×10^{-4}	5.21×10^{-4}	−3.139	−3.284	−0.145
$CaOH^+$	2.78×10^{-5}	2.55×10^{-5}	−4.556	−4.594	−0.038
$CaSO_4$	1.50×10^{-5}	1.50×10^{-5}	−4.824	−4.824	0
$CaHSO_4^+$	3.25×10^{-16}	2.98×10^{-16}	−15.489	−15.526	−0.037
Cl^-	8.10×10^{-5}	7.43×10^{-5}	−4.091	−4.129	−0.038
H_2	8.12×10^{-35}	8.13×10^{-35}	−34.091	−34.09	0.001
K^+	7.61×10^{-4}	6.98×10^{-4}	−3.119	−3.156	−0.037
KSO_4^-	7.72×10^{-7}	7.08×10^{-7}	−6.113	−6.150	−0.037
KOH	7.13×10^{-7}	7.14×10^{-7}	−6.147	−6.146	0.001
Mg^{2+}	1.73×10^{-7}	1.24×10^{-7}	−6.763	−6.906	−0.143
$MgOH^+$	1.45×10^{-7}	1.33×10^{-7}	−6.839	−6.876	−0.037
$MgSO_4$	4.20×10^{-9}	4.21×10^{-9}	−8.377	−8.376	0.001
Na^+	1.38×10^{-3}	1.27×10^{-3}	−2.859	−2.896	−0.037
$NaOH$	2.48×10^{-6}	2.48×10^{-6}	−5.606	−5.606	0
$NaSO_4^-$	1.00×10^{-6}	9.21×10^{-7}	−5.999	−6.036	−0.037
O_2	6.30×10^{-25}	6.31×10^{-25}	−24.201	−24.200	0.001
SO_4^{2-}	2.02×10^{-4}	1.45×10^{-4}	−3.694	−3.840	−0.146
HSO_4^-	5.19×10^{-14}	4.76×10^{-14}	−13.285	−13.322	−0.037
$H_3SiO_4^-$	2.10×10^{-4}	1.93×10^{-4}	−3.677	−3.715	−0.038
$H_2SiO_4^{2-}$	5.46×10^{-6}	3.87×10^{-6}	−5.263	−5.412	−0.149
H_4SiO_4	4.43×10^{-6}	4.43×10^{-6}	−5.354	−5.353	0.001

表 6.25　7# 水样部分离子及其络合物存在形式及占比

离子及其络合物	分类	质量分数/%	合计/%
Ca^{2+} 及其络合物	Ca^{2+}	53.882	100
	$CaCO_3$	42.922	
	$CaOH^+$	2.059	
	$CaSO_4$	1.111	
	$CaHCO_3^+$	0.026	
Mg^{2+} 及其络合物	Mg^{2+}	43.126	100
	$MgOH^+$	36.206	
	$MgCO_3$	19.600	
	$MgSO_4$	1.049	
	$MgHCO_3^+$	0.019	
Si^{4+} 及其络合物	$H_3SiO_4^-$	95.508	100
	$H_2SiO_4^{2-}$	2.480	
	H_4SiO_4	2.012	
CO_3^{2-} 及其络合物	CO_3^{2-}	58.790	100
	$CaCO_3$	36.785	
	HCO_3^-	3.309	
	$NaCO_3^-$	1.087	
	$CaHCO_3^+$	0.022	
	$MgCO_3$	0.005	
	$NaHCO_3$	0.002	

从表 6.26 和表 6.27 可知，8# 水样中大多数离子仍以自由离子的形式存在，除 CO_3^{2-} 外，活性离子所占比例均在 65%以上，活性 Ca^{2+} 浓度有明显较大增加，增加到 2.01×10^{-3} mol/L，比渗入液增大约 2 个数量级，这说明消力池底板混凝土中水泥水化产物诸如 $Ca(OH)_2$ 一类含钙类物质与渗水溶液发生剧烈化学反应，通过化学作用溶解进入渗水溶液中；Mg^{2+} 主要由氢氧类络合物和活性 Mg^{2+} 两大部分组成，活性 Mg^{2+} 浓度为 2.62×10^{-7} mol/L，$MgOH^+$ 络合物浓度为 1.35×10^{-7} mol/L，同时碳酸类物质由以 HCO_3^- 为主变为以碳酸盐类组分为主，说明该部位渗水与混凝土反应较强烈，且渗出液 pH 较高，混凝土的化学侵蚀较为严重。

表 6.26　8# 水样部分离子及其络合物存在形式及含量

离子及其络合物	物质的量浓度/(mol/L)	活性物质的量浓度/(mol/L)	对数物质的量浓度/(mol/L)	对数活性物质的量浓度/(mol/L)	对数活性物质的量浓度与对数物质的量浓度差/(mol/L)
OH^-	8.11×10^{-3}	7.25×10^{-3}	−2.091	−2.14	−0.049
H^+	1.52×10^{-12}	1.38×10^{-12}	−11.819	−11.86	−0.041
H_2O	55.50	1.00	1.744	0	−1.744
CO_3^{2-}	4.86×10^{-5}	3.19×10^{-5}	−4.313	−4.497	−0.184
$CaCO_3$	7.05×10^{-5}	7.07×10^{-5}	−4.152	−4.151	0.001
$NaCO_3^-$	2.00×10^{-6}	1.79×10^{-6}	−5.699	−5.746	−0.047
HCO_3^-	1.04×10^{-6}	9.38×10^{-7}	−5.982	−6.028	−0.046
$CaHCO_3^+$	1.76×10^{-8}	1.58×10^{-8}	−7.756	−7.801	−0.045
$MgCO_3$	2.71×10^{-9}	2.71×10^{-9}	−8.568	−8.567	0.001
$NaHCO_3$	1.59×10^{-9}	1.60×10^{-9}	−8.798	−8.797	0.001
CO_2	2.91×10^{-12}	2.91×10^{-12}	−11.537	−11.536	0.001
$MgHCO_3^+$	1.09×10^{-12}	9.79×10^{-13}	−11.962	−12.009	−0.047
Ca^{2+}	2.01×10^{-3}	1.32×10^{-3}	−2.696	−2.879	−0.183
$CaOH^+$	1.77×10^{-4}	1.59×10^{-4}	−3.752	−3.800	−0.048
$CaSO_4$	1.25×10^{-5}	1.25×10^{-5}	−4.903	−4.902	0.001
$CaHSO_4^+$	1.13×10^{-16}	1.01×10^{-16}	−15.947	−15.994	−0.047
Cl^-	4.03×10^{-4}	3.61×10^{-4}	−3.394	−3.443	−0.049
H_2	1.35×10^{-35}	1.35×10^{-35}	−34.871	−34.870	0.001
K^+	2.26×10^{-3}	2.02×10^{-3}	−2.646	−2.695	−0.049
KOH	5.06×10^{-6}	5.07×10^{-6}	−5.296	−5.295	0.001
KSO_4^-	7.54×10^{-7}	6.76×10^{-7}	−6.123	−6.170	−0.047
Mg^{2+}	2.62×10^{-7}	2.35×10^{-7}	−6.582	−6.630	−0.048
$MgOH^+$	1.35×10^{-7}	8.92×10^{-8}	−6.869	−7.050	−0.181
$MgSO_4$	9.92×10^{-10}	9.95×10^{-10}	−9.003	−9.002	0.001
Na^+	3.37×10^{-3}	3.02×10^{-3}	−2.473	−2.520	−0.047
$NaOH$	1.44×10^{-5}	1.45×10^{-5}	−4.841	−4.840	0.001
$NaSO_4^-$	8.04×10^{-7}	7.21×10^{-7}	−6.095	−6.142	−0.047
O_2	2.28×10^{-23}	2.29×10^{-23}	−22.641	−22.640	0.001
SO_4^{2-}	7.30×10^{-5}	4.76×10^{-5}	−4.137	−4.322	−0.185
HSO_4^-	7.13×10^{-15}	6.39×10^{-15}	−14.147	−14.195	−0.048
$H_3SiO_4^-$	1.86×10^{-5}	1.67×10^{-5}	−4.731	−4.778	−0.047
$H_2SiO_4^{2-}$	1.27×10^{-6}	8.21×10^{-7}	−5.896	−6.086	−0.19
H_4SiO_4	1.56×10^{-7}	1.56×10^{-7}	−6.808	−6.807	0.001

表 6.27　8# 水样部分离子及其络合物存在形式及占比

离子及其络合物	分类	质量分数/%	合计/%
Ca^{2+} 及其络合物	Ca^{2+}	88.000	100
	$CaOH^{+}$	8.000	
	$CaCO_3$	3.000	
	$CaSO_4$	1.000	
Mg^{2+} 及其络合物	Mg^{2+}	65.326	100
	$MgOH^{+}$	33.750	
	$MgCO_3$	0.676	
	$MgSO_4$	0.248	
Si^{4+} 及其络合物	$H_3SiO_4^{-}$	92.873	100
	$H_2SiO_4^{2-}$	6.350	
	H_4SiO_4	0.777	
CO_3^{2-} 及其络合物	$CaCO_3$	57.706	100
	CO_3^{2-}	39.775	
	$NaCO_3^{-}$	1.639	
	HCO_3^{-}	0.853	
	$CaHCO_3^{+}$	0.014	
	$MgCO_3$	0.012	
	$NaHCO_3$	0.001	

从表 6.28～表 6.31 可知，9# 和 10# 水样中大多数离子仍以自由离子的形式存在，活性 Ca^{2+} 浓度有一定程度的增加，说明消力池底板混凝土中水泥水化产物诸如 $Ca(OH)_2$ 一类含钙类物质与渗水溶液发生剧烈化学反应，通过化学作用溶解进入渗水溶液中；同时碳酸类物质由以碳酸氢根为主变为以碳酸盐类组分为主，但其浓度变化不大，说明消力池底板该部位（14# 坝段池 5 和 12# 坝段池 3）混凝土与渗水溶液之间化学反应属中等程度，即混凝土目前遭受的化学侵蚀作用的强度总体上比较弱，对其强度和耐久性不会产生显著影响。

表6.28　9#水样部分离子及其络合物存在形式及含量

离子及其络合物	物质的量浓度/(mol/L)	活性物质的量浓度/(mol/L)	对数物质的量浓度/(mol/L)	对数活性物质的量浓度/(mol/L)	对数活性物质的量浓度与对数物质的量浓度差/(mol/L)
OH^-	8.02×10^{-4}	7.25×10^{-4}	−3.096	−3.140	−0.044
H^+	1.51×10^{-11}	1.38×10^{-11}	−10.822	−10.86	−0.038
H_2O	55.50	1.00	1.744	0	−1.744
CO_3^{2-}	3.48×10^{-3}	2.37×10^{-3}	−2.458	−2.625	−0.167
HCO_3^-	7.69×10^{-4}	6.99×10^{-4}	−3.114	−3.156	−0.042
$CaCO_3$	3.19×10^{-4}	3.19×10^{-4}	−3.497	−3.496	0.001
$NaCO_3^-$	3.02×10^{-5}	2.73×10^{-5}	−4.52	−4.563	−0.043
$MgCO_3$	2.12×10^{-5}	2.12×10^{-5}	−4.674	−4.673	0.001
$CaHCO_3^+$	7.85×10^{-7}	7.13×10^{-7}	−6.105	−6.147	−0.042
$NaHCO_3$	2.43×10^{-7}	2.43×10^{-7}	−6.615	−6.614	0.001
$MgHCO_3^+$	8.46×10^{-8}	7.67×10^{-8}	−7.072	−7.115	−0.043
CO_2	2.16×10^{-8}	2.17×10^{-8}	−7.665	−7.664	0.001
Ca^{2+}	1.18×10^{-4}	8.01×10^{-5}	−3.930	−4.097	−0.167
$CaSO_4$	2.44×10^{-6}	2.44×10^{-6}	−5.613	−5.612	0.001
$CaOH^+$	1.06×10^{-6}	9.62×10^{-7}	−5.974	−6.017	−0.043
$CaHSO_4^+$	2.18×10^{-16}	1.98×10^{-16}	−15.661	−15.704	−0.043
Cl^-	8.11×10^{-5}	7.33×10^{-5}	−4.091	−4.135	−0.044
H_2	1.35×10^{-33}	1.35×10^{-33}	−32.871	−32.87	0.001
K^+	3.51×10^{-4}	3.17×10^{-4}	−3.455	−3.499	−0.044
KSO_4^-	3.76×10^{-7}	3.41×10^{-7}	−6.424	−6.467	−0.043
KOH	7.95×10^{-8}	7.97×10^{-8}	−7.100	−7.099	0.001
Mg^{2+}	1.37×10^{-5}	9.38×10^{-6}	−4.864	−5.028	−0.164
$MgOH^+$	2.72×10^{-6}	2.47×10^{-6}	−5.565	−5.608	−0.043
$MgSO_4$	3.36×10^{-7}	3.36×10^{-7}	−6.474	−6.473	0.001
Na^+	6.82×10^{-4}	6.19×10^{-4}	−3.166	−3.209	−0.043
$NaSO_4^-$	5.23×10^{-7}	4.74×10^{-7}	−6.281	−6.324	−0.043
$NaOH$	2.95×10^{-7}	2.96×10^{-7}	−6.530	−6.529	0.001
O_2	2.29×10^{-27}	2.29×10^{-27}	−26.641	−26.64	0.001
SO_4^{2-}	2.26×10^{-4}	1.53×10^{-4}	−3.647	−3.815	−0.168
HSO_4^-	2.27×10^{-13}	2.05×10^{-13}	−12.645	−12.688	−0.043
$H_3SiO_4^-$	1.65×10^{-4}	1.50×10^{-4}	−3.782	−3.825	−0.043
H_4SiO_4	1.40×10^{-5}	1.40×10^{-5}	−4.855	−4.854	0.001
$H_2SiO_4^{2-}$	1.10×10^{-6}	7.37×10^{-7}	−5.961	−6.133	−0.172

表 6.29　9# 水样部分离子及其络合物存在形式及占比

离子及其络合物	分类	质量分数/%	合计/%
Ca^{2+} 及其络合物	$CaCO_3$	72.339	100
	Ca^{2+}	26.687	
	$CaSO_4$	0.554	
	$CaOH^+$	0.241	
	$CaHCO_3^+$	0.178	
	$CaHSO_4^+$	0.001	
Mg^{2+} 及其络合物	$MgCO_3$	55.730	100
	Mg^{2+}	36.224	
	$MgOH^+$	7.150	
	$MgSO_4$	0.883	
	$MgHCO_3^+$	0.013	
Si^{4+} 及其络合物	$H_3SiO_4^-$	91.639	100
	$H_2SiO_4^{2-}$	7.753	
	H_4SiO_4	0.608	
CO_3^{2-} 及其络合物	CO_3^{2-}	75.335	100
	HCO_3^-	16.636	
	$CaCO_3$	6.893	
	$NaCO_3^-$	0.653	
	$MgCO_3$	0.459	
	$CaHCO_3^+$	0.017	
	$NaHCO_3$	0.005	
	$MgHCO_3^+$	0.002	

表 6.30　10# 水样部分离子及其络合物存在形式及含量

离子及其络合物	物质的量浓度/(mol/L)	活性物质的量浓度/(mol/L)	对数物质的量浓度/(mol/L)	对数活性物质的量浓度/(mol/L)	对数活性物质的量浓度与对数物质的量浓度差/(mol/L)
OH^-	1.75×10^{-3}	1.62×10^{-3}	−2.757	−2.790	−0.033
H^+	6.59×10^{-12}	6.17×10^{-12}	−11.181	−11.21	−0.029
H_2O	55.50	1.00	1.744	0	−1.744
CO_3^{2-}	3.17×10^{-4}	2.38×10^{-4}	−3.499	−3.624	−0.125
$CaCO_3$	3.35×10^{-4}	3.35×10^{-4}	−3.475	−3.475	0
HCO_3^-	3.36×10^{-5}	3.13×10^{-5}	−4.474	−4.505	−0.031
$NaCO_3^-$	1.57×10^{-6}	1.46×10^{-6}	−5.804	−5.836	−0.032

续表

离子及其络合物	物质的量浓度/(mol/L)	活性物质的量浓度/(mol/L)	对数物质的量浓度/(mol/L)	对数活性物质的量浓度/(mol/L)	对数活性物质的量浓度与对数物质的量浓度差/(mol/L)
$CaHCO_3^+$	3.60×10^{-7}	3.35×10^{-7}	−6.444	−6.475	−0.031
$MgCO_3$	2.03×10^{-7}	2.03×10^{-7}	−6.693	−6.692	0.001
$NaHCO_3$	5.79×10^{-9}	5.80×10^{-9}	−8.237	−8.237	0
CO_2	4.33×10^{-10}	4.33×10^{-10}	−9.364	−9.363	0.001
$MgHCO_3^+$	3.52×10^{-10}	3.27×10^{-10}	−9.453	−9.485	−0.032
Ca^{2+}	1.12×10^{-3}	8.39×10^{-4}	−2.951	−3.076	−0.125
$CaSO_4$	3.15×10^{-5}	3.16×10^{-5}	−4.501	−4.501	0
$CaOH^+$	2.43×10^{-5}	2.26×10^{-5}	−4.614	−4.646	−0.032
$CaHSO_4^+$	1.23×10^{-15}	1.14×10^{-15}	−14.911	−14.943	−0.032
Cl^-	8.10×10^{-5}	7.52×10^{-5}	−4.091	−4.124	−0.033
H_2	2.69×10^{-34}	2.69×10^{-34}	−33.57	−33.570	0
K^+	1.44×10^{-4}	1.33×10^{-4}	−3.842	−3.875	−0.033
KSO_4^-	1.90×10^{-7}	1.77×10^{-7}	−6.721	−6.753	−0.032
KOH	7.50×10^{-8}	7.50×10^{-8}	−7.125	−7.125	0
Mg^{2+}	1.19×10^{-6}	8.95×10^{-7}	−5.924	−6.048	−0.124
$MgOH^+$	5.68×10^{-7}	5.27×10^{-7}	−6.246	−6.278	−0.032
$MgSO_4$	3.95×10^{-8}	3.96×10^{-8}	−7.403	−7.403	0
Na^+	3.55×10^{-4}	3.30×10^{-4}	−3.450	−3.482	−0.032
$NaOH$	3.53×10^{-7}	3.53×10^{-7}	−6.452	−6.452	0
$NaSO_4^-$	3.35×10^{-7}	3.12×10^{-7}	−6.474	−6.506	−0.032
O_2	5.75×10^{-26}	5.75×10^{-26}	−25.241	−25.240	0.001
SO_4^{2-}	2.52×10^{-4}	1.89×10^{-4}	−3.599	−3.725	−0.126
HSO_4^-	1.22×10^{-13}	1.13×10^{-13}	−12.915	−12.947	−0.032
$H_3SiO_4^-$	2.95×10^{-4}	2.74×10^{-4}	−3.531	−3.563	−0.032
H_4SiO_4	1.14×10^{-5}	1.14×10^{-5}	−4.942	−4.941	0.001
$H_2SiO_4^{2-}$	4.06×10^{-6}	3.02×10^{-6}	−5.392	−5.520	−0.128

表 6.31　10# 水样部分离子及其络合物存在形式及占比

离子及其络合物	分类	质量分数/%	合计/%
Ca^{2+} 及其络合物	Ca^{2+}	74.127	100
	$CaCO_3$	22.152	
	$CaSO_4$	2.087	
	$CaOH^+$	1.610	
	$CaHCO_3^+$	0.024	

续表

离子及其络合物	分类	质量分数/%	合计/%
Mg^{2+}及其络合物	Mg^{2+}	59.492	100
	$MgOH^+$	28.376	
	$MgCO_3$	10.138	
	$MgSO_4$	1.976	
	$MgHCO_3^+$	0.018	
Si^{4+}及其络合物	$H_3SiO_4^-$	95.006	100
	H_4SiO_4	3.686	
	$H_2SiO_4^{2-}$	1.308	
CO_3^{2-} 及其络合物	$CaCO_3$	48.704	100
	CO_3^{2-}	46.099	
	HCO_3^-	4.885	
	$NaCO_3^-$	0.229	
	$CaHCO_3^+$	0.052	
	$MgCO_3$	0.030	
	$NaHCO_3$	0.001	

从表6.32和表6.33可知，除CO_3^{2-} 外，11#水样其余活性离子浓度均增大，这说明渗入液在渗透过程中，与混凝土中矿物成分发生一系列化学反应，致使相当一部分混凝土固相成分溶解，引起水样中各个离子浓度发生较大变化；渗出液中碳酸盐类组分含量有明显增加，说明该部位(14#坝段池3)混凝土-水间物质转移量较大，化学侵蚀作用较严重。

表6.32　11#水样部分离子及其络合物存在形式及含量

离子及其络合物	物质的量浓度/(mol/L)	活性物质的量浓度/(mol/L)	对数物质的量浓度/(mol/L)	对数活性物质的量浓度/(mol/L)	对数活性物质的量浓度与对数物质的量浓度差/(mol/L)
OH^-	6.38×10^{-3}	5.76×10^{-3}	−2.195	−2.240	−0.045
H^+	1.90×10^{-12}	1.74×10^{-12}	−11.721	−11.76	−0.039
H_2O	55.50	1.00	1.744	0	−1.744
CO_3^{2-}	1.60×10^{-6}	1.08×10^{-6}	−5.796	−5.965	−0.169
$CaCO_3$	2.72×10^{-6}	2.73×10^{-6}	−5.565	−5.564	0.001
HCO_3^-	4.43×10^{-8}	4.01×10^{-8}	−7.354	−7.396	−0.042
$NaCO_3^-$	3.42×10^{-8}	3.09×10^{-8}	−7.466	−7.510	−0.044

续表

离子及其络合物	物质的量浓度/(mol/L)	活性物质的量浓度/(mol/L)	对数物质的量浓度/(mol/L)	对数活性物质的量浓度/(mol/L)	对数活性物质的量浓度与对数物质的量浓度差/(mol/L)
$CaHCO_3^+$	8.46×10^{-10}	7.68×10^{-10}	−9.072	−9.115	−0.043
$MgCO_3$	5.41×10^{-10}	5.42×10^{-10}	−9.267	−9.266	0.001
$NaHCO_3$	3.45×10^{-11}	3.46×10^{-11}	−10.462	−10.461	0.001
$MgHCO_3^+$	2.72×10^{-13}	2.46×10^{-13}	−12.565	−12.609	−0.044
CO_2	1.57×10^{-13}	1.57×10^{-13}	−12.805	−12.804	0.001
Ca^{2+}	2.22×10^{-3}	1.50×10^{-3}	−2.654	−2.824	−0.17
$CaOH^+$	1.58×10^{-4}	1.43×10^{-4}	−3.800	−3.844	−0.044
$CaSO_4$	4.72×10^{-5}	4.73×10^{-5}	−4.326	−4.325	0.001
$CaHSO_4^+$	5.33×10^{-16}	4.81×10^{-16}	−15.274	−15.318	−0.044
Cl^-	8.10×10^{-5}	7.31×10^{-5}	−4.091	−4.136	−0.045
H_2	2.13×10^{-35}	2.14×10^{-35}	−34.671	−34.67	0.001
K^+	7.83×10^{-4}	7.07×10^{-4}	−3.106	−3.151	−0.045
KOH	1.41×10^{-6}	1.41×10^{-6}	−5.852	−5.851	0.001
KSO_4^-	8.68×10^{-7}	7.85×10^{-7}	−6.061	−6.105	−0.044
Mg^{2+}	1.21×10^{-6}	1.10×10^{-6}	−5.917	−5.961	−0.044
$MgOH^+$	7.70×10^{-7}	5.24×10^{-7}	−6.113	−6.281	−0.168
$MgSO_4$	1.94×10^{-8}	1.94×10^{-8}	−7.713	−7.712	0.001
Na^+	1.69×10^{-3}	1.53×10^{-3}	−2.771	−2.814	−0.043
$NaOH$	5.81×10^{-6}	5.83×10^{-6}	−5.236	−5.235	0.001
$NaSO_4^-$	1.34×10^{-6}	1.21×10^{-6}	−5.872	−5.916	−0.044
O_2	9.10×10^{-24}	9.12×10^{-24}	−23.041	−23.040	0.001
SO_4^{2-}	2.35×10^{-4}	1.58×10^{-4}	−3.629	−3.801	−0.172
HSO_4^-	2.95×10^{-14}	2.67×10^{-14}	−13.530	−13.573	−0.043
$H_3SiO_4^-$	1.04×10^{-4}	9.35×10^{-5}	−3.985	−4.029	−0.044
$H_2SiO_4^{2-}$	5.48×10^{-6}	3.66×10^{-6}	−5.261	−5.436	−0.175
H_4SiO_4	1.10×10^{-6}	1.10×10^{-6}	−5.959	−5.958	0.001

表 6.33　11# 水样部分离子及其络合物存在形式及占比

离子及其络合物	分类	质量分数/%	合计/%
Ca^{2+} 及其络合物	Ca^{2+}	91.411	100
	$CaOH^+$	6.530	
	$CaSO_4$	1.946	
	$CaCO_3$	0.112	
	$CaHCO_3^+$	0.001	

续表

离子及其络合物	分类	质量分数/%	合计/%
Mg^{2+}及其络合物	Mg^{2+}	61.000	100
	$MgOH^{+}$	38.000	
	$MgSO_4$	1.000	
Si^{4+}及其络合物	$H_3SiO_4^{-}$	94.021	100
	$H_2SiO_4^{2-}$	4.980	
	H_4SiO_4	0.999	
CO_3^{2-} 及其络合物	$CaCO_3$	61.837	100
	CO_3^{2-}	36.349	
	HCO_3^{-}	1.005	
	$NaCO_3^{-}$	0.777	
	$CaHCO_3^{+}$	0.019	
	$MgCO_3$	0.012	
	$NaHCO_3$	0.001	

1#～11#水样中各个矿物成分的饱和指数见表6.34。

表6.34　1#～11#水样中各个矿物成分的饱和指数SI值

矿物成分	库水	1#	2#	3#	4#	5#	6#	7#	8#	9#	10#	11#
$CaSO_4$	−4.63	−3.13	−3.88	−2.66	−2.67	−4.42	−2.55	−2.76	−2.84	−3.55	−2.44	−2.26
$Ca(OH)_2$	−0.26	1.49	0.20	0.42	0.63	0.94	1.81	2.02	1.10	1.76	1.78	1.31
SiO_2	−2.61	−1.95	−0.53	−0.32	−2.92	−2.28	−1.75	−1.8	−3.26	−1.3	−1.39	−2.41
$Mg_3Si_2O_5(OH)_4$	−11.30	6.72	0.88	−1.33	7.37	3.93	7.51	5.19	4.20	8.17	7.03	7.60
$CaMg(CO_3)_2$	−4.75	0.08	−1.25	0.48	−1.93	−0.42	−0.63	0.54	−1.83	2.72	0.72	−3.95
$CaSO_4 \cdot 2H_2O$	−4.41	−2.91	−3.66	−2.44	−2.45	−4.2	−2.33	−2.54	−2.62	−3.33	−2.22	−2.04
NaCl	−9.45	−8.01	−8.72	−9.35	−7.51	−7.39	−7.48	−8.61	−7.54	−8.93	−9.19	−8.53
$CaCO_3$	−8.76	1.02	−0.51	−1.64	−0.17	−1.39	1.89	0.25	−2.84	3.06	2.16	0.85

注：以上矿物成分均来自消力池底板混凝土材料中的硅酸盐水泥、骨料、掺合料，以及渗入液原有组分和组分之间沉淀反应的结果。矿物成分与渗水溶液之间反应状态的$SI<0$表示有关反应向着矿物被溶解的方向进行，$SI>0$表示有关反应向着矿物沉淀的方向进行。

根据消力池底板材料中矿物成分与渗水溶液之间可能发生的一系列化学反应及其状态，利用消力池底板混凝土化学侵蚀的反向模型对消力池底板进行单位渗流量条件下随机误差极限(5%)范围内消力池底板混凝土侵蚀计算，如表 6.35 所示。

表 6.35　给定渗流量条件下消力池底板混凝土-水间物质交换量

化学成分	11#坝段交换量/(g/d)	12#坝段交换量/(g/d)	13#坝段交换量/(g/d)	14#坝段交换量/(g/d)	15#坝段交换量/(g/d)
$CaSO_4$	41.98	95.67	70.05	109.38	60.95
$Ca(OH)_2$	63.29	118.30	96.30	139.70	74.29
SiO_2	5.98	21.08	17.46	24.70	13.84
$Mg_3Si_2O_5(OH)_4$	13.75	31.44	27.08	35.80	22.72
$CaMg(CO_3)_2$	48.44	82.13	67.34	84.10	50.35
$CaSO_4 \cdot 2H_2O$	63.24	98.65	84.29	110.40	73.87
NaCl	23.01	58.41	45.89	77.19	30.65
$CaCO_3$	98.56	170.36	138.45	184.12	111.08
总计	358.25	676.04	546.86	765.39	437.75

注：这里只考虑消力池底板混凝土矿物成分的溶解质量，由水样过饱和引起的物质沉淀不在考虑范围之内。

6.6.5　化学侵蚀模拟结果分析

从消力池底板混凝土化学侵蚀的反向模拟计算结果可知：

(1) 消力池底板混凝土中最易溶解的矿物成分是诸如 $Ca(OH)_2$ 一类的水泥水化产物，此类物质的溶失量是判断混凝土化学侵蚀程度的重要标志。水泥水化产物的溶失可导致消力池底板混凝土裂缝进一步扩展，材料内部的孔隙率增加，渗透性增大，进而降低混凝土的强度和耐久性。

(2) 对混凝土-水间物质交换量进行分析，可知 12# 坝段、13# 坝段和 14# 坝段消力池底板混凝土中矿物成分的溶解量较大，尤其是 12# 坝段和 13# 坝段，这说明目前该部位底板渗水在渗透过程中与混凝土材料中固相介质反应相对较强烈；原型检测结果表明，这些部位的消力池底板混凝土裂缝相对较严重，混凝土测定强度低于设计标号。综合分析说明，消力池底板这些部位混凝土化学侵蚀严重。

(3) 与渗入液相比，消力池底板混凝土渗出液呈强碱性化，渗水溶液中的相关组分发生一定的变化，尤以 $HCO_3^- \longrightarrow CO_3^{2-}$ 最为显著，碳酸盐类含量有明显增加，说明渗水在渗透过程中与消力池底板混凝土中水泥水化产物发生化学反应，使渗水溶液中的碱性物质明显增加，最后将导致混凝土强度及耐久性降低，这对消力池安全运行极为不利。

(4) 消力池底板混凝土渗入液与渗出液水质特征差异明显，说明消力池底板混凝土内部渗流速度相对缓慢，正是这种相对滞缓的渗流条件使得混凝土-水间化学作用时间较长，从而导致渗入液与渗出液之间的水质差异明显。由此说明，消力池底板裂缝还未贯穿整个混凝土层而限于局部，这与裂缝深度原型检测结果具有较好的一致性。

综上所述，目前消力池底板混凝土-水间物质交换量不大，但局部化学侵蚀作用强度较大，如 12# 坝段池 2 和 14# 坝段池 2，结合原型检测综合分析说明，化学侵蚀作用强度与该部位混凝土表面破损程度具有较好的相关性，即表面破损程度较严重时，化学侵蚀过程就比较快，反之则缓慢。

6.7　消力池底板混凝土化学侵蚀的混凝土-水化学耦合模拟

6.7.1　混凝土-水化学耦合模拟基本原理

消力池底板混凝土的化学侵蚀实质上是渗入消力池底板混凝土的水溶液不断流动、迁移与周围混凝土材料中的钙类水化产物不断相互作用的化学过程，而这个过程在数学上可以用地下水渗流、水溶组分迁移和混凝土-水化学反应相互耦合的迁移-反应方程来描述。

消力池底板混凝土中主要化学成分是钙，其在水化产物中也占重要地位，钙类水化产物在具有软水特征的渗入液的作用下最易被溶解，造成混凝土孔隙结构的改变，使裂缝扩展，从而导致混凝土强度和耐久性降低，可见，混凝土强度及耐久性的劣化，主要取决于钙类水化产物的溶解过程，因此 Ca^{2+} 浓度是混凝土化学侵蚀一个很好的指示剂，可以把 Ca^{2+} 浓度作为化学侵蚀状态变量，则消力池底板混凝土侵蚀过程就可以用孔隙溶液中 Ca^{2+} 浓度变化来模拟。本书针对安康大坝表孔消力池化学侵蚀的特点，立足于 Ca^{2+} 浓度变化，建立混凝土-水化学耦合模型，并从时间尺度和空间尺度定量研究混凝土化学侵蚀程度。

6.7.2　消力池底板混凝土-水化学耦合模型

从水化学的角度来讲，消力池底板混凝土的化学侵蚀是在渗水压力作用下混凝土-水系统状态变化引起的化学组分在混凝土固相和液相(渗水溶液)之间重新分布的结果，是一种渗入水溶液在混凝土中流动、迁移并与周围混凝土不断发生一系列化学作用的混凝土-水化学作用过程。消力池底板混凝土-水化学耦合模型就是根据渗水在消力池底板混凝土固相中的渗流过程、水溶组分的迁移过程，以及混凝土-水化学作用过程之间的相互作用模式，在适当的简化假定条件下建立的。

1. 基本假设

研究区为等效连续介质，水流为饱和流，其运动服从 Darcy 定律；渗流和组分迁移之间的耦合是从渗流到迁移的单向耦合，即渗流状态的变化对水溶液中组分浓度的变化有显著影响，而组分浓度变化引起的地下水密度、黏性等物理特性改变对渗流的影响可以忽略不计；水溶液始终处于热力学平衡状态；混凝土材料孔隙度、渗透系数等物理特性只是空间位置的函数，不随时间而变化。

2. 渗流模型

研究区为等效连续介质，地下水为饱和流时，水溶液的运动方程为

$$\begin{cases} \mu_s \dfrac{\partial h}{\partial t} = \nabla [\boldsymbol{K} \nabla h] \\ h(x,y,z,t) = f_0(x,y,z) \\ h|_{\Gamma_1} = f_1(x,y,z,t), \quad (x,y,z,t) \in \Gamma_1 \\ -\boldsymbol{K} \dfrac{\partial h}{\partial n_\Gamma}|_{\Gamma_2} = f_2(x,y,z,t), \quad (x,y,z,t) \in \Gamma_2 \end{cases} \tag{6.30}$$

式中，μ_s 为储水系数；h 为水头；$\boldsymbol{K}$ 为渗透系数张量；∇ 为微分算子；f_0、f_1、f_2 均为已知函数；Γ_1、Γ_2 分别为已知水头和已知流量边界；n_Γ 为 Γ_2 边界外法线方向。

当水头差不随时间变化时，水溶液运动通过一定时间后达到稳定状态，以上非稳定渗流模型可简化为

$$\begin{cases} \nabla [\boldsymbol{K} \nabla h] = 0 \\ h|_{\Gamma_1} = f_1(x,y,z,t), \quad (x,y,z,t) \in \Gamma_1 \\ -\boldsymbol{K} \dfrac{\partial h}{\partial n_\Gamma}|_{\Gamma_2} = f_2(x,y,z,t), \quad (x,y,z,t) \in \Gamma_2 \end{cases} \tag{6.31}$$

3. 反应-迁移模型

在渗入消力池底板混凝土的水溶液从上向下的运动过程中，水溶液组分的运移及其混凝土-水化学反应引起的浓度变化为

$$\begin{cases} \varphi \dfrac{\partial T_j}{\partial t} = -\nabla (\varphi \boldsymbol{u} T_j) + \nabla (\varphi \boldsymbol{D} \nabla T_j) - \sum\limits_{p=1}^{N_p} \nu_{p,j} \varphi \dfrac{\mathrm{d}\hat{C}_p}{\mathrm{d}t} \\ T_j(x,y,z,t) = g_{j,0}(x,y,z) \\ T_j|_{B_1} = g_{j,1}(x,y,z,t), \quad (x,y,z,t) \in B_1 \\ \varphi(\boldsymbol{u} T_j - \boldsymbol{D} \dfrac{\partial T_j}{\partial n_B})|_{B_2} = g_{j,2}(x,y,z,t), \quad (x,y,z) \in B_2 \\ j = 1,2,\cdots,N_c \end{cases} \tag{6.32}$$

式中，φ 为含水介质的孔隙度；T_j 为渗水溶液中第 j 个组分的总浓度；$\boldsymbol{u}$ 为渗水溶液流速；$\boldsymbol{D}$ 为水动力弥散系数张量；$\nu_{p,j}$ 为第 p 个固体矿物物种

中第 j 个组分的化学计量数；$\hat{C}_p$ 为混凝土中第 p 个矿物相的浓度；N_p 为参加混凝土-水化学反应的矿物物种总数；N_c 为水溶液中的组分总数；$g_{j,0}$、$g_{j,1}$、$g_{j,2}$ 均为已知函数；B_1、B_2 分别为已知水头和已知流量边界；n_{B_2} 为 B_2 边界外法线方向。

基本方程中的 $-\nabla(\varphi \boldsymbol{u} T_j)$ 为对流项，表示由地下水流动引起的渗水溶液组分总浓度的变化，其中渗水溶液流速 $\boldsymbol{u}$ 为

$$\boldsymbol{u}=\frac{\boldsymbol{K}}{\varphi}\nabla h \tag{6.33}$$

基本方程中的 $\nabla(\varphi \boldsymbol{D} \nabla T_j)$ 为弥散项，表示由分子扩散和弥散作用引起的组分总浓度变化，其中水动力弥散系数 $\boldsymbol{D}$ 为一个 9 个元素的二阶对称张量，其各个元素为

$$\begin{cases} D_{xx}=\alpha_{\mathrm{L}}\dfrac{u_x^2}{|\boldsymbol{u}|}+\alpha_{\mathrm{T_H}}\dfrac{u_y^2}{|\boldsymbol{u}|}+\alpha_{\mathrm{T_V}}\dfrac{u_z^2}{|\boldsymbol{u}|}+D_{\mathrm{M}} \\ D_{xy}=D_{yx}=(\alpha_{\mathrm{L}}-\alpha_{\mathrm{T_H}})\dfrac{u_x u_y}{|\boldsymbol{u}|} \\ D_{yy}=\alpha_{\mathrm{L}}\dfrac{u_y^2}{|\boldsymbol{u}|}+\alpha_{\mathrm{T_H}}\dfrac{u_x^2}{|\boldsymbol{u}|}+\alpha_{\mathrm{T_V}}\dfrac{u_z^2}{|\boldsymbol{u}|}+D_{\mathrm{M}} \\ D_{xz}=D_{zx}=(\alpha_{\mathrm{L}}-\alpha_{\mathrm{T_V}})\dfrac{u_x u_z}{|\boldsymbol{u}|} \\ D_{zz}=\alpha_{\mathrm{L}}\dfrac{u_z^2}{|\boldsymbol{u}|}+\alpha_{\mathrm{T_H}}\dfrac{u_x^2}{|\boldsymbol{u}|}+\alpha_{\mathrm{T_V}}\dfrac{u_y^2}{|\boldsymbol{u}|}+D_{\mathrm{M}} \\ D_{yz}=D_{zy}=(\alpha_{\mathrm{L}}-\alpha_{\mathrm{T_V}})\dfrac{u_y u_z}{|\boldsymbol{u}|} \end{cases} \tag{6.34}$$

式中，u_i 为渗水溶液流速 $\boldsymbol{u}$ 在 i 坐标方向的分量，其中 i 代指式中 x，y，z；$\boldsymbol{u}$ 为渗水溶液流速，$|\boldsymbol{u}|=\sqrt{u_x^2+u_y^2+u_z^2}$；$\alpha_{\mathrm{L}}$ 为纵向弥散度；$\alpha_{\mathrm{T_H}}$、$\alpha_{\mathrm{T_V}}$ 分别为水平横向弥散度和垂直横向弥散度，对于各向同性介质水平横向弥散度和垂直横向弥散度相等，即 $\alpha_{\mathrm{T_H}}=\alpha_{\mathrm{T_V}}$；$D_{\mathrm{M}}$ 为分子扩散系数。

基本方程中的 $-\sum_{p=1}^{N_p} \nu_{p,j}\varphi \frac{\mathrm{d}\hat{C}_p}{\mathrm{d}t}$ 为反应项，表示由混凝土-水间的非均匀化学反应引起的混凝土中不同矿物相浓度的变化，是混凝土化学侵蚀研究的核心，其根据以下模型来确定。

4. 平衡热力学-动力学混合模型

当池底板混凝土-水间发生的部分化学反应满足局部平衡原理时，这部分化学反应可用平衡热力学定式化形式，而其余部分为

$$\begin{cases} \frac{\mathrm{d}\hat{C}_p}{\mathrm{d}t} = -(X_{\mathrm{h}} + \Re_{\mathrm{Kin}}) \\ \Re_{\mathrm{Kin}} = -K_{\mathrm{Kin}} S_{\mathrm{Kin}} \left[1 - \frac{\prod_{j=1}^{N_c} (a_j)^{\nu_{\mathrm{Kin},j}}}{K_{\mathrm{Kin}}} \right] \prod_{j=1}^{N_c} (a_j)^{\nu_{\mathrm{Kin},j}} \\ \min \sum_{Eq=1}^{N_{\mathrm{h}}} \left| \lg K_{\mathrm{h}} - \sum_{j=1}^{N_c} \nu_{Eq,j} \lg a_j \right| \end{cases} \tag{6.35}$$

式中，下标 h 和 Kin 分别对应于热力学反应和动力学反应。

质量守恒方程为

$$\lg a_j = \lg K_i + \sum_{j=1}^{N_c} \nu_{i,j} \lg a_j \tag{6.36}$$

活度计算所需方程为

$$\begin{cases} a_i = r_i c_i \\ a_{\mathrm{H_2O}} = 1 - 0.017 \sum_{i=1}^{N_{\mathrm{aq}}} c_i \\ \lg \gamma_i = -A Z_i^2 \left(\frac{\sqrt{I}}{1+\sqrt{I}} - 0.31 \right) \\ I = \frac{1}{2 \sum_{i=1}^{N_{\mathrm{aq}}} Z_i^2 C_i} \end{cases} \tag{6.37}$$

质量守恒方程为

$$T_j = \sum_{i=1}^{N_{aq}} \nu_{i,j} C_i - \sum_{Eq=1}^{N_{aq}} \nu_{Eq,j} X_{Eq} \mathrm{d}t \tag{6.38}$$

电中性方程为

$$\sum_{i=1}^{N_{aq}} Z_i C_i = 0 \tag{6.39}$$

反应判定公式为

$$\begin{cases} X_{Eq} > 0, & \text{溶解反应} \\ X_{Eq} < 0, & \text{沉淀反应} \end{cases} \tag{6.40}$$

将渗流模型、反应-迁移模型和平衡热力学-动力学混合模型结合在一起，就可以得到消力池底板混凝土-水化学耦合模型。

消力池底板混凝土化学侵蚀不仅与组成混凝土的矿物成分和渗入混凝土内部水溶液化学特性有关，而且与混凝土中渗流和组分运移状态有关。在消力池底板混凝土水力学参数以及化学成分已知的情况下，根据混凝土内部渗流和组分运移状态，便可利用混凝土-水化学耦合模型确定消力池底板不同地点不同时刻混凝土-水间物质交换量及其速率，从而就可以在空间尺度和时间尺度上定量评价消力池底板混凝土化学侵蚀程度。

6.7.3　消力池底板混凝土-水化学耦合模型的求解及结果分析

1. 消力池底板混凝土-水化学耦合模型的求解方法

本书在消力池底板混凝土-水化学耦合模型的数值求解上应用了算子分裂法，所谓算子分裂法，就是将反应-迁移模型中的反应部分和迁移部分相互分裂，并按一定顺序求解。将整个模型按照渗流计算⟶溶质迁移计算⟶化学侵蚀计算三个顺序步骤进行，其求解过程流程如图6.3所示。

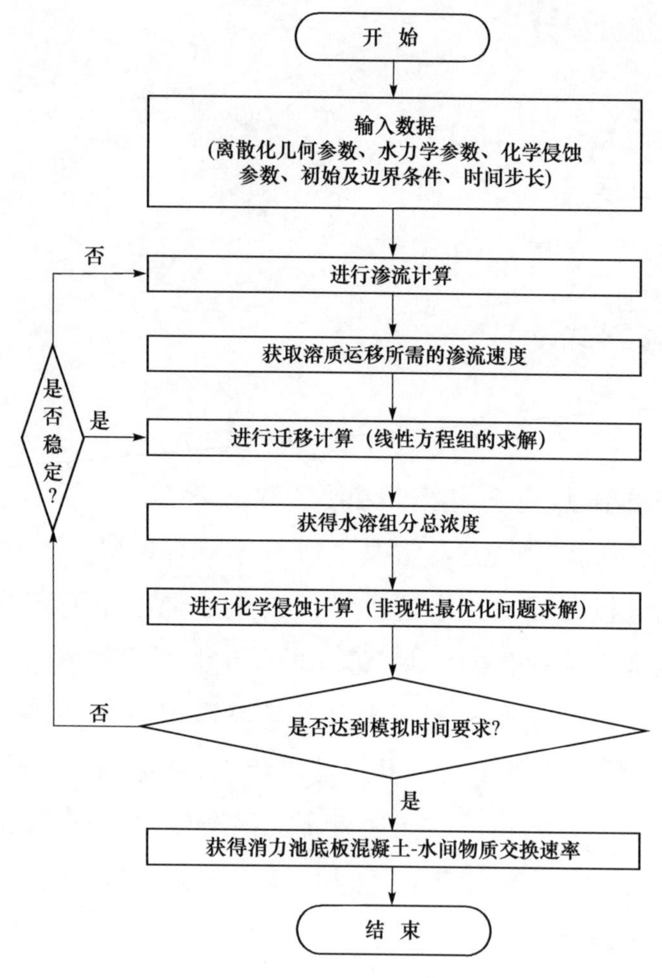

图 6.3 消力池底板混凝土化学侵蚀的混凝土-水化学耦合模型求解过程流程图

2. 消力池底板混凝土-水化学耦合模型计算及其结果分析

1)有限元网格剖分

为了分析化学侵蚀对混凝土强度及耐久性的影响,针对安康大坝表孔消力池底板的特点和裂缝的分布,在满足工程精度的前提下,建立了精细的三维有限元模型。

对安康大坝表孔消力池底板建立三维有限元模型。模型范围:按各部位的几何尺寸,上下游取 108m,左右岸取 91m,底板混凝土厚度取实际厚度的 10 倍，在剖分网格和布置节点时，考虑了消力池底板混凝土抗冲层和基础混凝土层相关参数不同，以及原型检测成果中提及的主要裂缝位置等，共有 36049 个单元，501630 个节点，如图 6.4 所示。

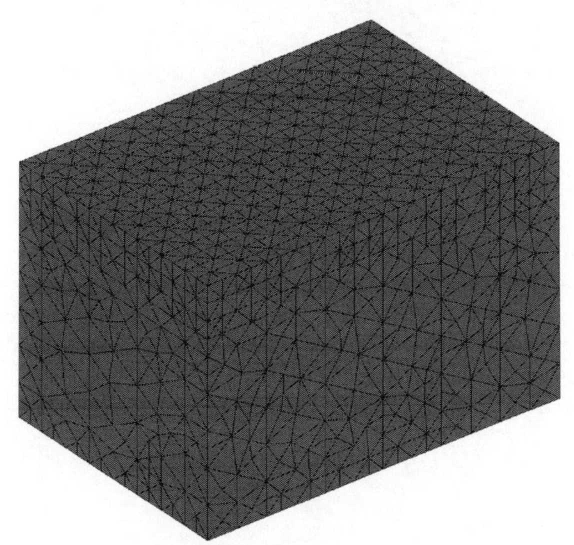

图 6.4　消力池底板有限元网格图

对于消力池底板混凝土上下两层间的接触面及裂缝，本书采用 MCOTA-PATH 中的接触模型对主要裂缝进行了仿真模拟。用面-面接触单元来建立面-面间的接触模型，用 TARG×10170 和 CONTA173 定义 3D 接触对，如图 6.5 所示。

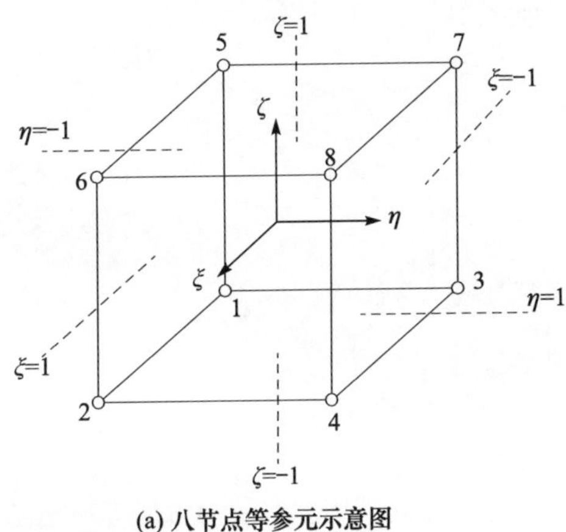

(a) 八节点等参元示意图

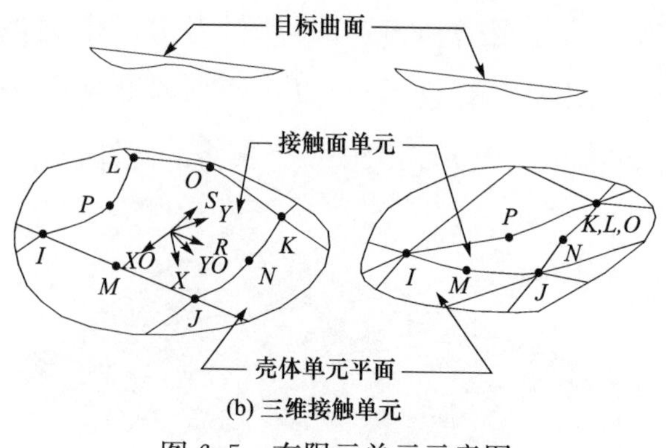

(b) 三维接触单元

图 6.5　有限元单元示意图

2）渗流计算

通过渗流计算所获得的消力池底板内各单元渗流速度是反应-迁移计算的重要组成部分。安康大坝表孔消力池渗流模型以正常水头差作为上下表面的定水头边界条件进行稳定流计算，其结果如图 6.6～图 6.13 所示。

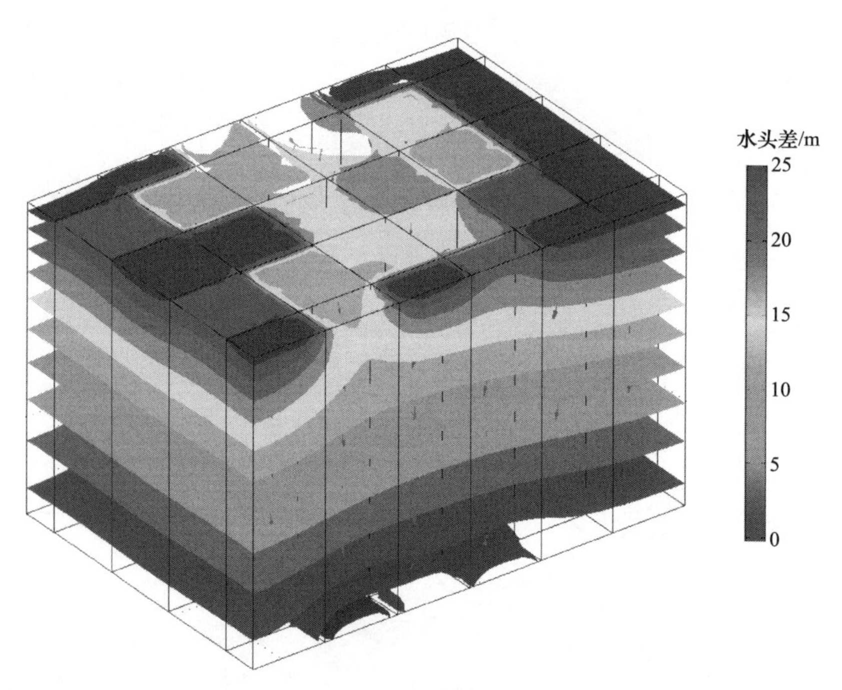

图 6.6　表孔消力池底板渗流场等表面图

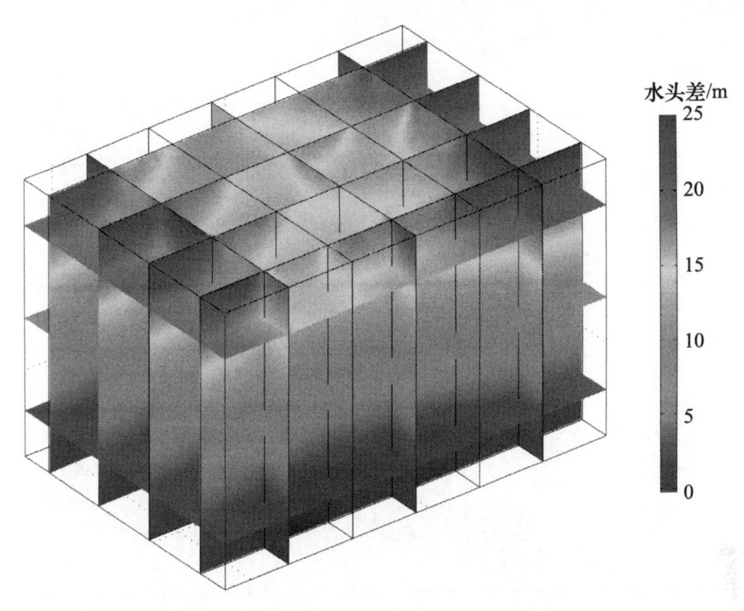

图 6.7　表孔消力池底板渗流场骑缝切面图

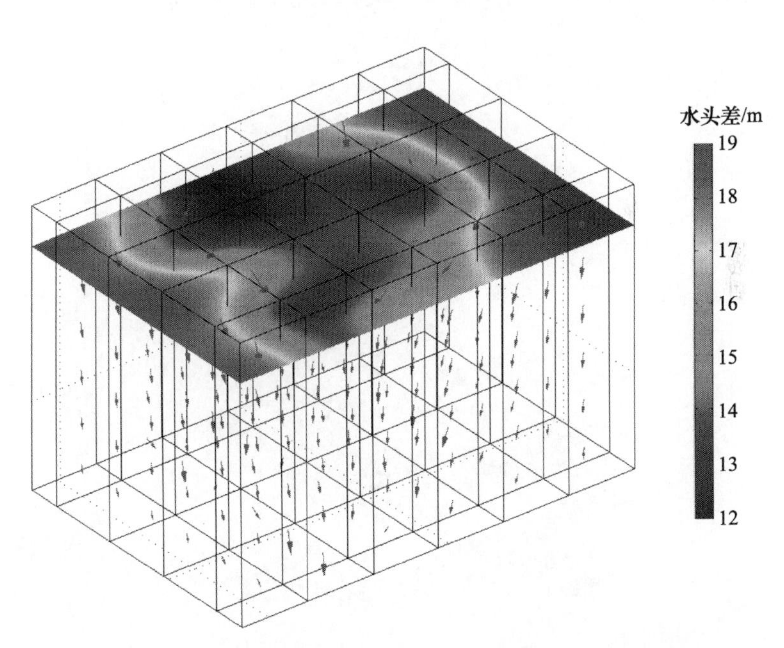

图 6.8　表孔消力池底板高程 228m(上下两层接触面)处渗流场剖面图

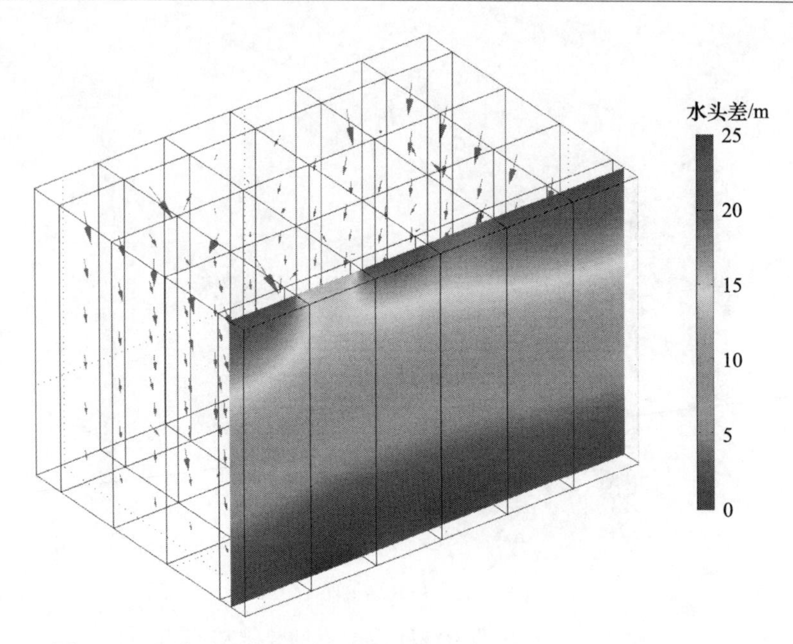

图 6.9　表孔消力池 11# 坝段(左 0+125.50m 处)渗流场剖面图

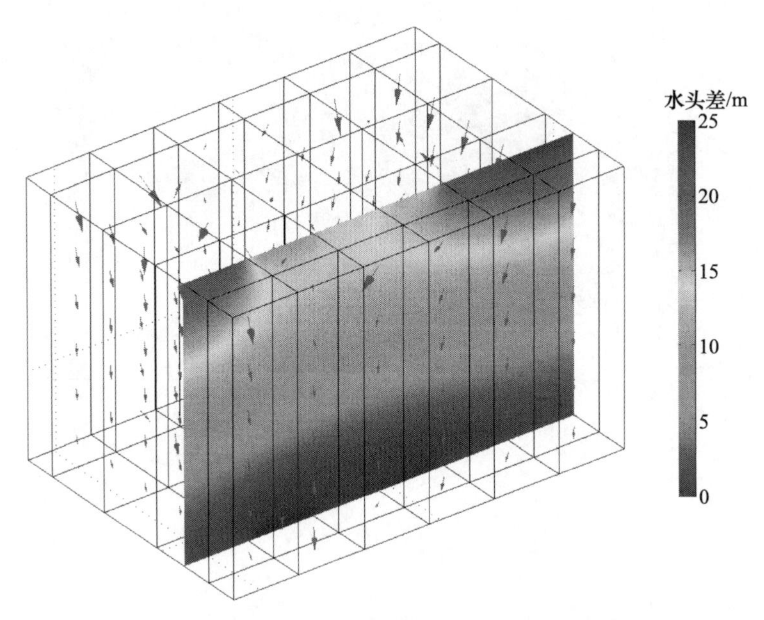

图 6.10　表孔消力池 12# 坝段(左 0+135.50m 处)渗流场剖面图

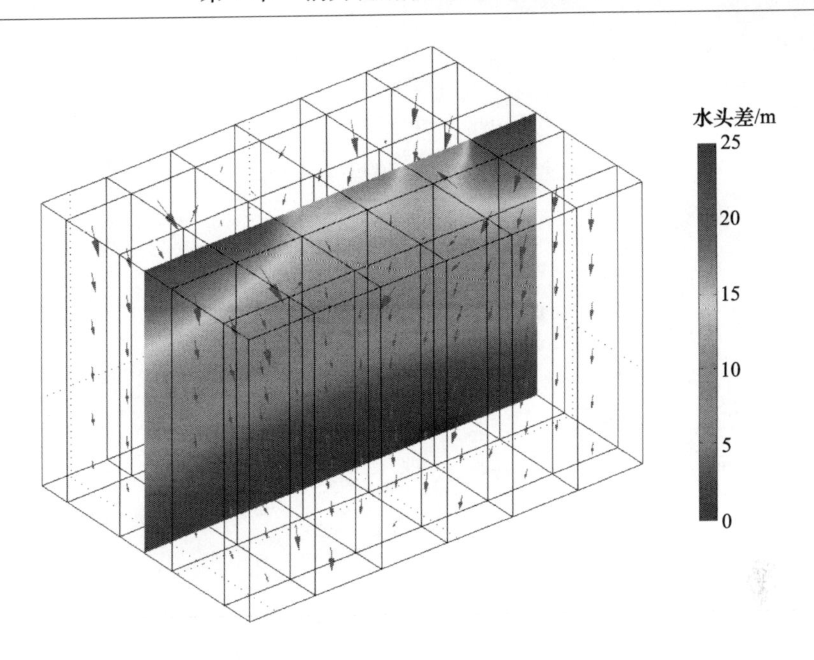

图6.11　表孔消力池13#坝段(左0+155.50m处)渗流场剖面图

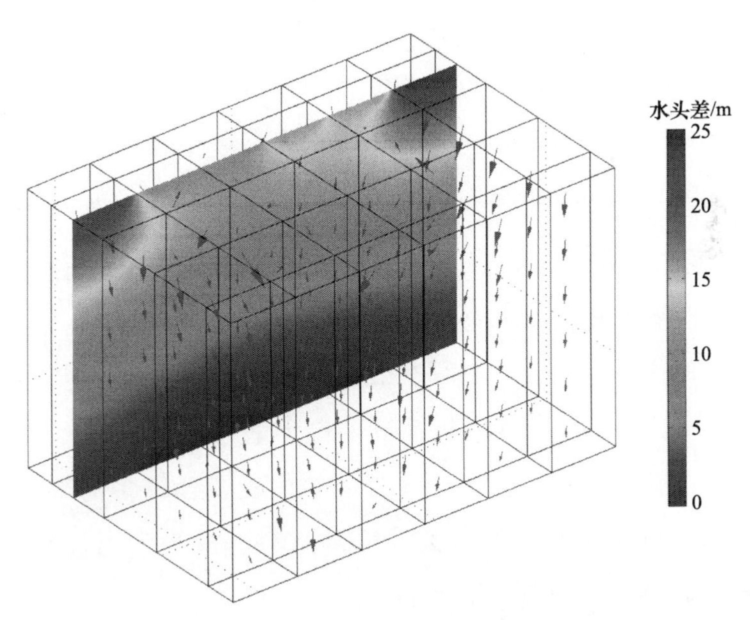

图6.12　表孔消力池14#坝段(左0+175.50m处)渗流场剖面图

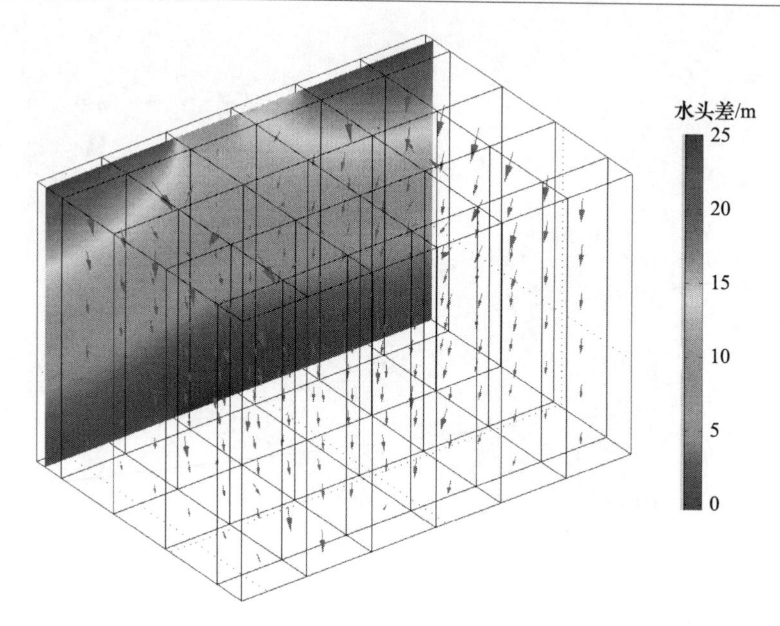

图 6.13 表孔消力池 15# 坝段(左 0+189.0m 处)渗流场剖面图

从渗流场计算结果可以看出：

(1) 11# 坝段池 2、12# 坝段池 2、12# 坝段池 3、12# 坝段池 4、12# 坝段池 5、13# 坝段池 3、13# 坝段池 4、13# 坝段池 5、14# 坝段池 2、14# 坝段池 3、14# 坝段池 4、14# 坝段池 5、15# 坝段池 3 和 15# 坝段池 4 的水头差变化较快，表明这些部位径流条件较好，渗透率较大，渗流速度较快，为消力池底板混凝土的化学侵蚀提供了有利条件。

(2) 从表孔消力池底板高程 228m(混凝土上下两层间接触面)处三维渗流场剖面图来看，消力池底板抗冲层上表层的水头变化较快，渗流场相对较为活跃，尤其是原型检测成果中发现裂缝较多的部位，这可能与其上表面分布的裂隙较多有关，渗透性较大，这为消力池底板混凝土的化学侵蚀提供了有效的水力条件。

(3) 从铅直方向来看，消力池底板混凝土抗冲层渗流场相对较为活跃，基础混凝土层渗流条件相对滞缓，表明目前上层混凝土损伤相对较为严重，导致混凝土强度和耐久性的降低，而下层混凝土渗流条件相对滞缓,水头变化较慢,反映出混凝土内部完整性和抗渗性较好。

3）消力池底板混凝土-水化学耦合模拟

以安康大坝表孔消力池底板混凝土上表面渗入液中Ca^{2+}的水化学检测浓度和消力池底板化学侵蚀模拟计算活性离子浓度(见表6.36)分别作为反应-迁移模型的边界条件和初始条件,以7天作为时间步长,以10年作为模拟总时间,利用算子分裂法进行整个消力池底板区域内的反应-迁移计算,获得了由混凝土-水间的化学反应(反应温度在计算区均取15℃)引起的消力池底板混凝土与其中的渗水溶液之间物质交换量在空间尺度和时间尺度上的变化过程,其结果如图6.14～图6.21所示。

表6.36 安康大坝表孔消力池渗入液水质指标实测值及计算值

水质指标	实测值/(mg/L)	计算值/(mg/L)
Ca^{2+}	2.79	1.72
Mg^{2+}	0.0071	0.0068
HCO_3^-	99.3	97.6

注:pH=7.69。

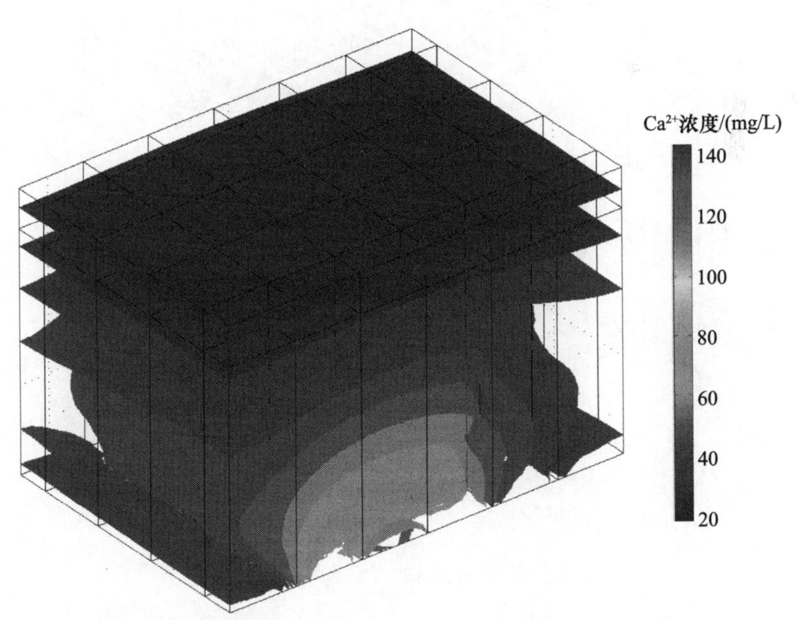

图6.14 表孔消力池底板混凝土渗水溶液Ca^{2+}等势图

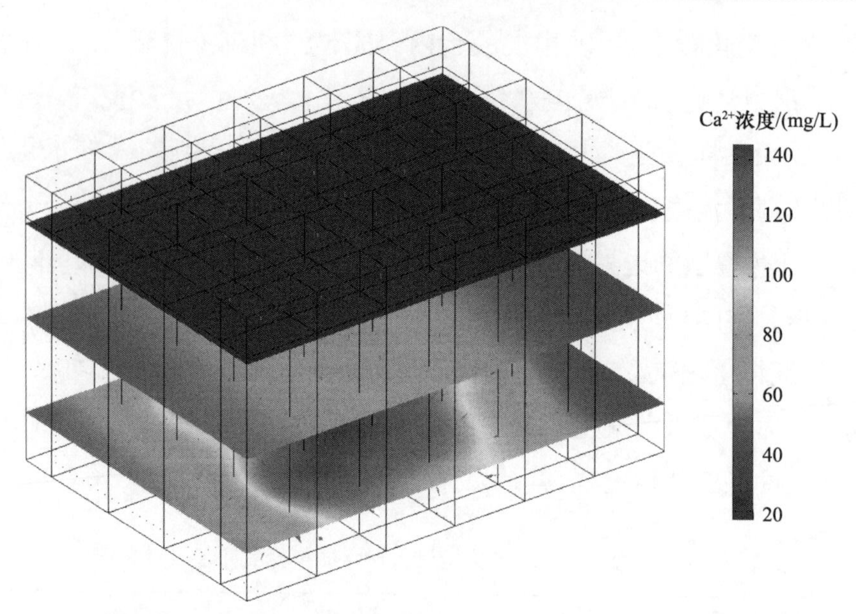

图 6.15　表孔消力池底板混凝土渗水溶液 Ca^{2+} 水平切面图

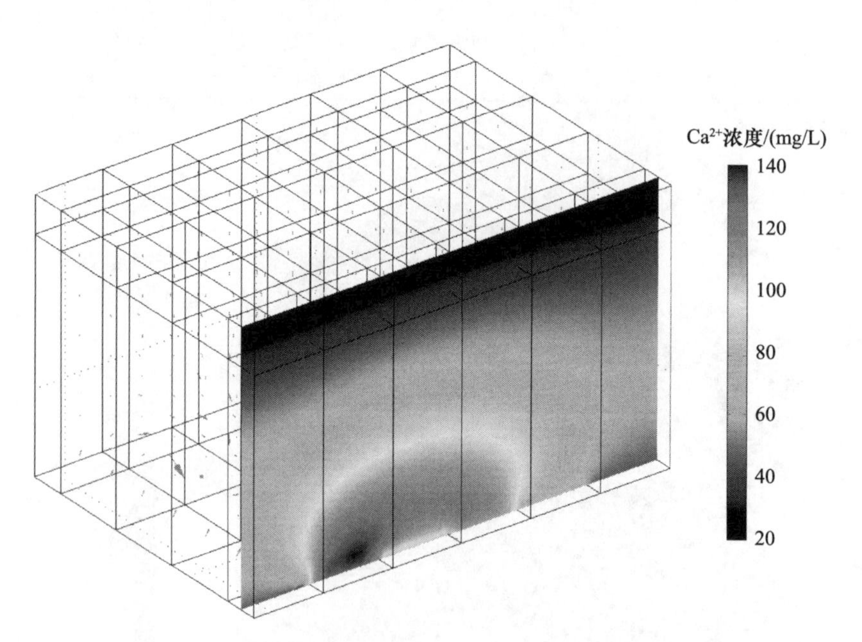

图 6.16　表孔消力池底板 11# 坝段(左 0+125.50m 处)

混凝土渗水溶液 Ca^{2+} 垂向分布切面图

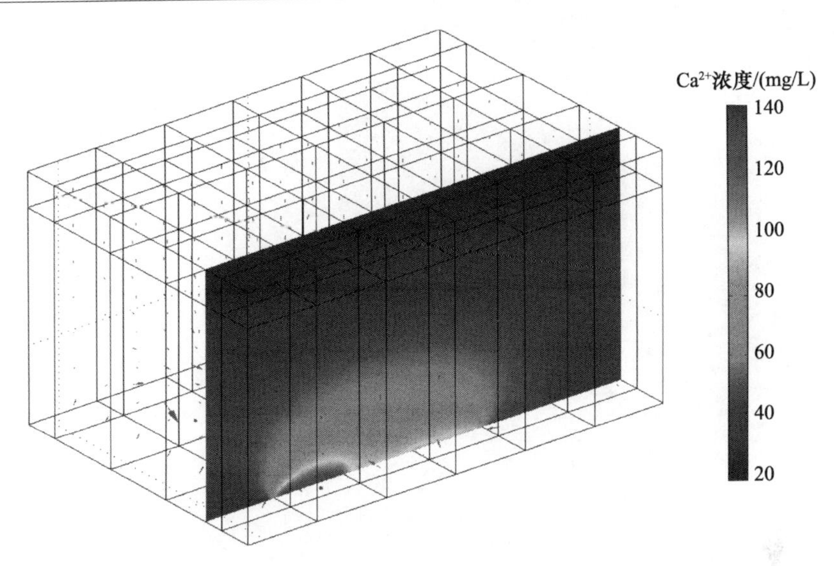

图 6.17 表孔消力池底板 12# 坝段(左 0+135.50m 处)
混凝土渗水溶液 Ca^{2+} 垂向分布切面图

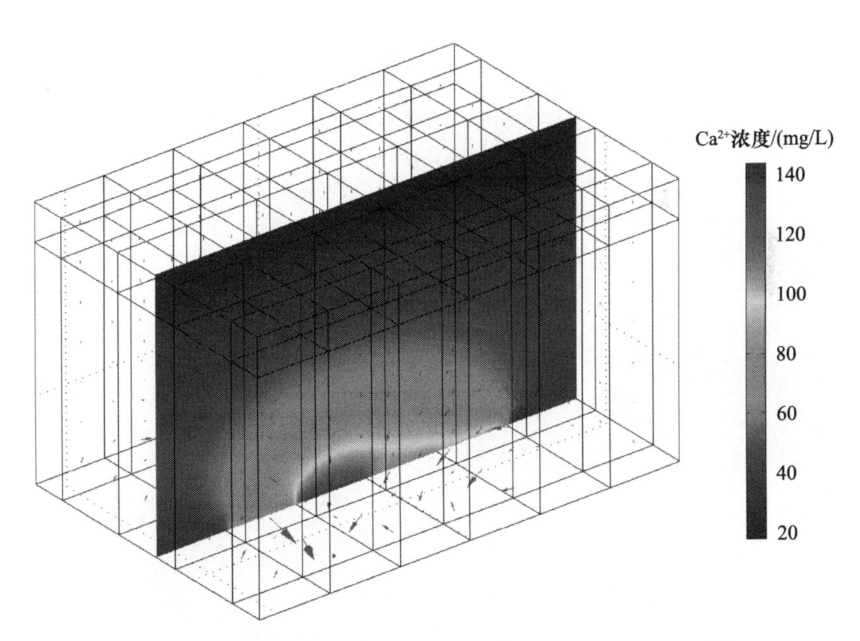

图 6.18 表孔消力池底板 13# 坝段(左 0+135.50m 处)
混凝土渗水溶液 Ca^{2+} 垂向分布切面图

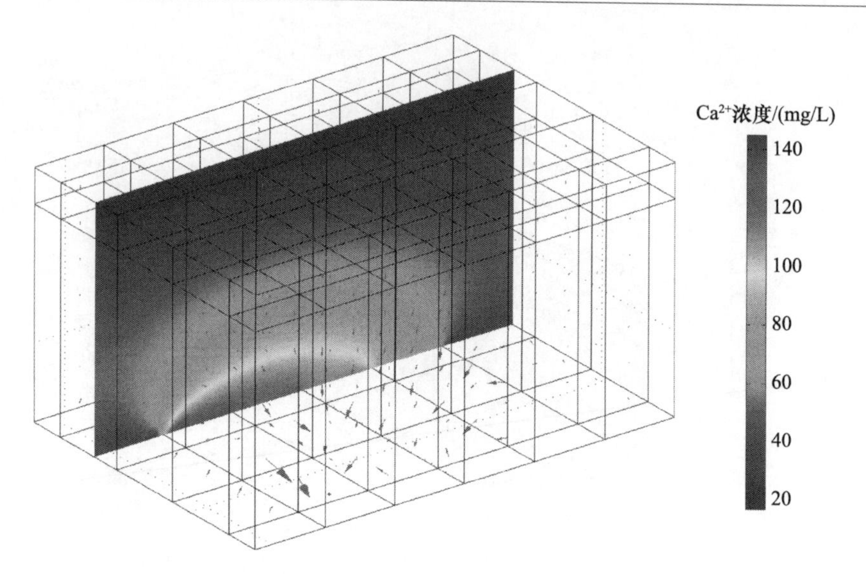

图 6.19　表孔消力池底板 14# 坝段(左 0+135.50m 处)

混凝土渗水溶液 Ca^{2+} 垂向分布切面图

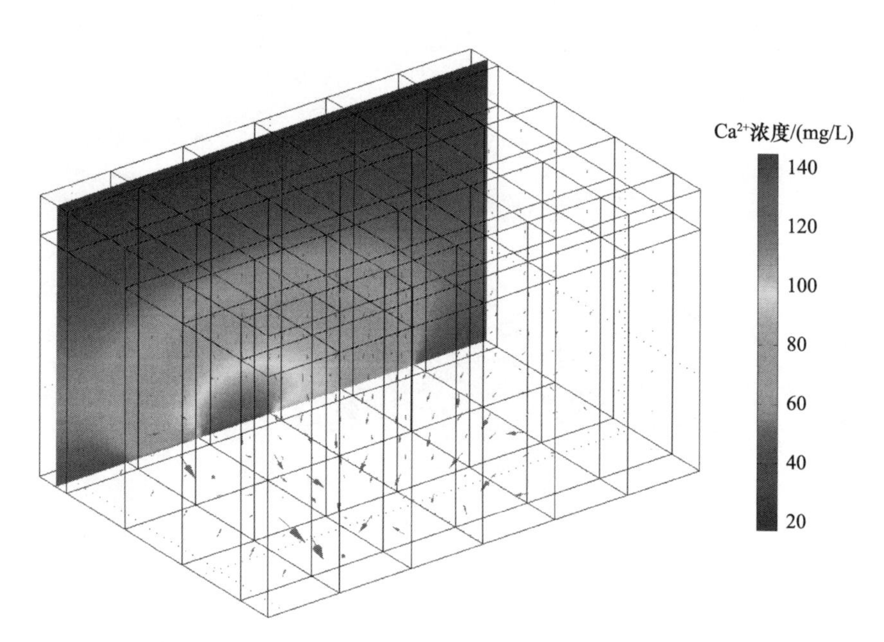

图 6.20　表孔消力池底板 15# 坝段(左 0+135.50m 处)

混凝土渗水溶液 Ca^{2+} 垂向分布切面图

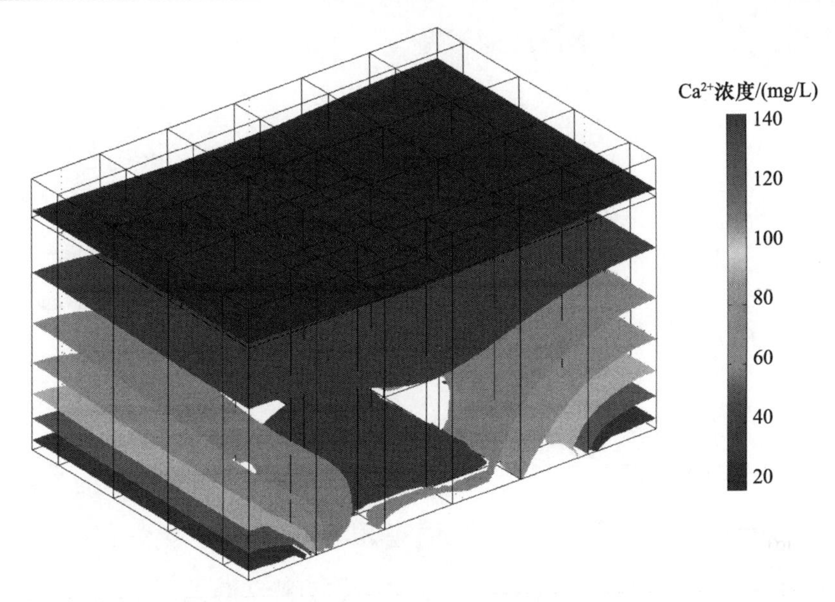

图 6.21　10年后表孔消力池底板混凝土渗水溶液 Ca^{2+} 等表面图

从模拟计算结果可知：

(1) 消力池底板混凝土中诸如 $Ca(OH)_2$ 一类的水化产物在整个模拟期间(10年)始终处于溶解状态，并随着时间的增加而增加，其中消力池底板混凝土上部抗冲层溶解强度相对较大。

(2) 11#坝段池2、12#坝段池2～池5、13#坝段池3～池5、14#坝段池2～池5、15#坝段池3和池4都具有较多 Ca^{2+} 溶解，其中12#坝段池2、池4和池5、13#坝段池5、14#坝段池2和池3和15#坝段池3 Ca^{2+} 溶解相对较多，浓度变化较大，最大 Ca^{2+} 浓度为138mg/L，这表明该部位消力池混凝土化学侵蚀较为严重，混凝土强度和耐久性相对较差。

(3) 从横向分布看，消力池底板12#坝段和14#坝段部位混凝土中 Ca^{2+} 溶解相对较大，其次为13#坝段和15#坝段部位，但是其化学侵蚀程度也不容忽视；11#坝段部位化学侵蚀程度相对较轻，其强度及耐久性相对较好。

(4) 从纵向分布看，消力池底板12#坝段池2和池3部位混凝土中 Ca^{2+} 相对较大，最大溶解量达120mg/L，并随着时间的推移，混凝土中

Ca^{2+}浓度越来越小，化学侵蚀对混凝土强度及耐久性的影响由不显著变为显著。

(5) 从发展趋势看，目前随着Ca^{2+}溶解量的增大，混凝土中Ca^{2+}含量将越来越少，10年后，混凝土内部形成集中的渗流通道，将严重降低混凝土强度和耐久性，进而危害消力池的安全运行。

6.8　本章小结

本章以安康大坝表孔消力池为例，通过建立混凝土化学损伤的反向模型和混凝土-水化学耦合模型数值模拟底板混凝土化学侵蚀的过程，研究消力池底板混凝土化学侵蚀的过程及影响。得到以下主要结论：

(1) 安康大坝表孔消力池原型检测结果表明，消力池底板裂缝比较严重，目前各消力池均出现了不同程度的裂缝，并有进一步发展的趋势。目前出现的裂缝基本上属于浅表裂缝，并未贯穿整个混凝土层。裂缝的产生破坏了底板混凝土的完整性，将降低混凝土的强度和耐久性，局部混凝土强度约降低至原设计的70%。

(2) 消力池底板化学损伤反向模型计算结果表明，表孔消力池底板混凝土中Ca^{2+}水化产物最易被溶解而流失，最大溶解量达139g/d。而Ca^{2+}的流失，将使消力池混凝土孔隙率增加，渗透性增大，进而降低消力池底板混凝土强度和耐久性，形成化学损伤。

(3) 模型计算结果研究表明，安康大坝表孔消力池底板12#坝段池2、池3和14#坝段池2、池3部位混凝土遭受化学侵蚀程度较为严重，渗水溶液中Ca^{2+}最大浓度达138mg/L。

(4) 随着化学侵蚀程度的加重，将给表孔消力池底板混凝土强度和耐久性带来一系列不利影响。预计10年后，化学侵蚀较严重的部位将形成明显的贯穿性裂缝或缺陷，混凝土的强度和耐久性有较大降低，从而影响消力池底板的整体性及稳定性。

参考文献

[1] 中华人民共和国水利部,国家统计局. 第一次全国水利普查公报. 北京:中国水利水电出版社,2013.

[2] 中华人民共和国水利部. 2019年全国水利发展统计公报. 北京:中国水利水电出版社,2020.

[3] 俞茂宏. 混凝土强度理论及其应用. 北京:高等教育出版社,2002.

[4] 李幼木,王宏斌. 安康水电站表孔消力池底板缺陷分析及其处理. 西北水力发电,2006,22(4):46-49.

[5] 陕西电力科学研究院. 安康水电站坝基析出物及水质分析报告. 西安,2006.

[6] 陕西电力科学研究院. 安康水电站表孔消力池安全检测分析报告. 西安,2007.

[7] 罗建. 水库大坝渗流计算及稳定性分析. 水科学与工程技术,2020,(4):56-59.

[8] 彭鹏. 基于层次分析法的坝基帷幕灌浆方案评估探析. 水利规划与设计,2016,(3):47-49.

[9] 常彩叶. 工程地质勘察中的水文地质危害分析及对策. 华北自然资源,2021,(2):38-39.

[10] 吴中如,陈波. 大坝变形监控模型发展回眸. 现代测绘,2016,39(5):1-3,8.

[11] 卞瑞,张研,蒋林华,等. 高温作用后的混凝土力学性能研究. 混凝土,2017,(11):10-12,18.

[12] 赵文刚,景海生,马建青,等. 黄河某水电站混凝土永久缝化学灌浆处理及效果分析. 中国建筑防水,2020,(12):34-35,59.

[13] 赵德超. 多种侵蚀环境下抗腐蚀混凝土配合比设计技术. 山西建筑,2021,47(3):74-76.

[14] 丘浩. 浅析影响水工建筑物耐久性的主要因素及预防策略. 科技创新导报,2019,16(22):150-151.

[15] 王天. 柴达木盆地冻融、盐蚀环境下混凝土腐蚀机理及耐久性研究. 铁道勘察,2021,47(2):81-86.

[16] 赵达提·克依木别. 克孜加尔一库大坝渗流安全评价分析. 陕西水利,2020,

(8):33-34.

[17] 韩铁林,陈蕴生,师俊平,等.化学腐蚀对混凝土材料力学特性影响的试验研究.实验力学,2014,29(6):785-793.

[18] 颜朝晖.混凝土强度检测对建筑使用功能及安全性影响.山西建筑,2011,(23):39-40.

[19] Lee J H,Cho B,Choi E. Flexural capacity of fiber reinforced concrete with a consideration of concrete strength and fiber content. Construction and Building Materials,2017,138: 222-231.

[20] 雷宛,肖宏跃,钟韬.灌浆质量检测的声波CT法及其与综合检测效果的对比.成都理工大学学报(自然科学版),2006,33(4):336-344.

[21] 顾冲时,吴中如.应用模糊控制论建立新安江3#坝段坝基扬压力预测模型.大坝观测与土工测试,1996,(4):7-10.

[22] 马能武.大坝监测资料动平均灰色模型分析方法研究.河海大学学报,1997,25(1):116-118.

[23] 吴中如,顾冲时,苏怀智,等.水工结构工程分析计算方法回眸与发展.河海大学学报(自然科学版),2015,43(5):395-405.

[24] Burritt R L,Christ K L. Water risk in mining: Analysis of the Samarco dam failure. Journal of Cleaner Production,2018,178: 196-205.

[25] Broomhead D S,King G P. Extracting qualitative dynamics from experimental data. Physica D,1986,20(2-3): 217-236.

[26] Szu H,Telfer B,Kadambe S. Neural network adaptive wavelets for signal representation and classification. Optical Engineering,1992,36(9): 1907-1916.

[27] Zheng J,Walter G,Miao Y,et al. Wavelet neural networks for function learning. Institute of Electrical and Electronics Engineers Transactions on Systems,1995,43(6): 1485-1497.

[28] 王谦,谭茂金,石玉江,等.径向基函数神经网络法致密砂岩储层相对渗透率预测与含水率计算.石油地球物理勘探,2020,55(4):864-872,704.

[29] 骆乾坤,吴剑锋,杨运,等.渗透系数空间变异程度对进化算法优化结果影响评价.南京大学学报(自然科学版),2015,51(1):60-66.

[30] 孟俊男,潘光,曹永辉,等.基于无网格伽辽金法的非线性流动数值模拟.西北工

业大学学报,2019,37(1):70-79.

[31] 赵祺,桑源,高金麟,等.冲击回波法评价混凝土质量研究综述.混凝土与水泥制品,2019,(12):18-23.

[32] 陈敏,李晓雷,付俏丽,等.某水库壤土心墙坝渗流有限元分析研究.东北水利水电,2020,38(11):39-41.

[33] 加勒尼.基于ANSYS的某湖堤渗流场模拟分析研究.水利科技与经济,2020,26(10):26-31.

[34] 吴中如,顾冲时,沈振中,等.大坝安全综合分析和评价的理论、方法及其应用.水利水电科技进展.1998,(3):5-9,68.

[35] 何金平,李珍照,万富军.大坝结构实测性态综合评价中定性指标分析方法.水电能源科学,2000,(1):5-8.

[36] 韦慧,曾胜,赵健,等.路用红砂岩碎石土湿化变形特性试验.中南大学学报(自然科学版),2015,46(6):2261-2266.

[37] 张敏,高东东,何成江,等.基于模糊数学的德阳市平原地下水环境质量评价.环境工程,2016,34(4):151-155.

[38] 彭聪,何江涛,廖磊,等.应用水化学方法识别人类活动对地下水水质影响程度:以柳江盆地为例.地学前缘,2017,24(1):321-331.

[39] 王丽,王金生,林学钰.水文地球化学模型研究进展.水文地质工程地质,2003,(3):105-109.

[40] 罗声,康小兵.水利工程地下水环境影响评价.水力发电,2015,41(3):1-3,10.

[41] 冯雪,赵鑫,李青云,等.水利工程地下水环境影响评价要点及方法探讨——以某水电站建设项目为例.长江科学院院报,2015,32(1):39-42.

[42] 宿晓萍,王清.复合盐浸-冻融-干湿多因素作用下的混凝土腐蚀破坏.吉林大学学报(工学版),2015,45(1):112-120.

[43] Fu C, Jin X, Ye H, et al. Theoretical and experimental investigation of loading effects on chloride diffusion in saturated concrete. Journal of Advanced Concrete Technology, 2015, 13(1): 30-43.

[44] Rao N S, Marghade D, Dinakar A, et al. Geochemical characteristics and controlling factors of chemical composition of groundwater in a part of Guntur district, Andhra Pradesh, India. Environmental Earth Sciences, 2017, 76(21): 1-22.

[45] 王海龙，郭崇波，邹道勤，等. 侵蚀性水作用下混凝土的钙溶蚀模型. 水利水电科技进展，2018，38(3)：26-31.

[46] Pfingsten W. Efficient modeling of reactive transport phenomena by a multispecies random walk coupled to chemical equilibrium. Nuclear Technology，1996，116(2)：208-221.

[47] Smith S L，Jaffé P R. Modeling the transport and reaction of trace metals in water-saturated soils and sediments. Water Resources Research，1998，34(11)：3135-3147.

[48] Gerard B，Pijaudier-Cabot G，Laborderie C. Coupled diffusion-damage modelling and the implications on failure due to strain localization. International Journal of Solids and Structures，1998，35(31-32)：4107-4120.

[49] 郭张军，徐建光，韩建新，等. 消力池底板混凝土-水化学多场耦合模型及数值模拟. 大坝与安全，2010，(4)：9-13.

[50] Gao R D，Zhao S B，Li Q B，et al. Experimental study of the deterioration mechanism of concrete under sulfate attack in wet-dry cycles. China Civil Engineering Journal，2010，43：48-54.

[51] 王磊，何江涛，张振国，等. 基于信息筛选和拉依达准则识别地下水主要组分水化学异常的方法研究. 环境科学学报，2018，38(3)：919-929.

[52] Li H，Yang D，Zhong Z，et al. Experimental investigation on the micro damage evolution of chemical corroded limestone subjected to cyclic loads. International Journal of Fatigue，2018，113：23-32.

[53] Robinson C E，Xin P，Santos I R，et al. Groundwater dynamics in subterranean estuaries of coastal unconfined aquifers：Controls on submarine groundwater discharge and chemical inputs to the ocean. Advances in Water Resources，2018，115：315-331.

[54] Chen X，Yu A，Liu G，et al. A multi-phase mesoscopic simulation model for the diffusion of chloride in concrete under freeze-thaw cycles. Construction and Building Materials，2020，265(12)：22-23.

[55] 滕彦国，左锐，王金生，等. 区域地下水演化的地球化学研究进展. 水科学进展，2010，21(1)：127-136.

[56] 任翔，李爱国，刘晓琳. 复杂岩层坝基排水异常原因分析及渗控处理技术. 水电能源科学，2021，39(4)：84-86.

[57] 吴洪兵. 王家坎水库除险加固后的大坝渗流效果分析. 黑龙江水利科技，2020，48(7)：30-32.

[58] 王进攻. 龙滩碾压混凝土重力坝建设关键技术和大坝运行情况综述//中国大坝工程学会 2018 学术年会. 郑州，2018.

[59] 胡蕾，李波，田亚岭. 溪洛渡水电站初蓄-运行期大坝渗流监测成果分析. 大坝与安全，2017，(4)：30-35.

[60] 周志芳，李思佳，王哲，等. 白鹤滩水电站错动带非线性渗透参数的原位试验确定. 岩土工程学报，2020，42(3)：430-437.

[61] 中华人民共和国水利行业标准. 混凝土重力坝设计规范(SL 319—2018). 北京：中国水利水电出版社，2018.

[62] 中国工程建设标准化协会标准. 超声回弹综合法检测混凝土抗压强度技术规程(T/CECS 02—2020). 北京：中国计划出版社，2020.

[63] 中华人民共和国国家标准. 水利水电工程地质勘察规范(GB 50487—2008). 北京：中国计划出版社，2008.